U0336480

人工智能通识

段玉聪 朱绵茂 编著

党建读物出版社

序　言

　　人工智能（AI）作为一门多学科交叉的前沿技术，近年来已经深入社会各个领域且其应用正以前所未有的速度扩展。人工智能在提升社会生产力、推动科技进步的同时，也带来了对传统产业、工作方式以及人类日常生活的深刻变革。从工业自动化到智慧城市建设，从医疗健康到金融服务，人工智能不仅优化了许多传统行业的工作流程，还为公共治理、教育改革等领域提供了新的技术手段。然而，随着人工智能技术应用的广泛深入，相关的伦理、法律和社会责任问题也日益凸显。例如，如何保障数据隐私，如何避免算法偏见，如何确保人工智能技术的安全性与公平性，这些问题已成为全球范围内研究和讨论的重要议题。

　　本书《人工智能通识》旨在向读者简明扼要地介绍人工智能的基本概念、技术框架、应用领域、社会影响以及对政府部门的机遇与挑战等。

第一章概述了人工智能的定义、历史及其基本分类。人工智能并非一项新技术，早在 20 世纪 50 年代，它就开始作为一个学术研究领域浮出水面。但直到 21 世纪初，随着计算能力的显著提高、海量数据的积累以及深度学习算法的突破，人工智能才真正迎来了高速发展的时代。本章不仅介绍了人工智能的演变过程，还从技术视角对其进行了分类，帮助读者理解不同类型的人工智能系统差异。

第二章聚焦人工智能在各个领域的应用，讲述人工智能如何在经济、政治、行政管理、文化、社会、教育、医疗、金融、制造业、现代科技等多个行业产生重要影响。如，在医疗领域，人工智能技术的引入使得疾病诊断、个性化治疗方案、药物研发等环节发生了根本性的改变。再如，在智能制造领域，人工智能的应用使得生产过程更加高效、灵活，极大地提升了制造业的自动化水平。除此之外，本章还讨论了人工智能在智慧城市、智能交通、公共服务等领域的应用，展现了人工智能在社会治理中的巨大潜力。

第三章探讨了人工智能面临的伦理、法律和社会责任问题。随着人工智能技术在各领域的广泛应用，如何保证技术的公平性、透明性以及安全性，成为了亟待解决的核心问题。数据隐私保护问题日益严重，算法偏见和歧视的风险也逐渐暴露，人工智能技术的决策过程往往缺乏透明性且容易形成"黑盒"现象，这些都是伦理和法律要应对的问题。本章不仅介绍了人工智能技术发展过程中所遇到的伦理问题，还分析了一些国家和国际组织在人工智能治理方面的不同政策与举措。

第四章讨论了人工智能在组织管理中的应用。人工智能的引入不仅改变了企业的运营模式，也对政府的行政效率、决策机制产生了深远影响。在智能政务、电子政务的背景下，人工智能正在成为提升政府管理效率、优化公共服务的重要工具。本章通过具体案例分析了人工智能如何在组织变革和公共治理中发挥重要作用，同时也探讨了智能化管理所面临的新挑战与问题。

第五章展望了人工智能的未来发展趋势。人工智能技术仍处于快速发展之中，新的技术突破和应用场景不断涌现。量子计算的崛起、6G和物联网的协同发展、人工智能与机器人技术的结合，正推动人工智能进入新的发展阶段。同时，随着新兴技术的不断发展，人工智能在伦理、法律、监管等方面的问题也将变得更加复杂。本章将对未来人工智能的技术趋势进行分析并讨论如何为未来做好准备，特别是在政策制定、技术创新、跨界合作等方面提出建议。

　　本书不仅为读者提供人工智能的基础知识，更重要的是帮助读者理解人工智能如何改变我们的世界、推动社会进步并带来新的挑战。通过本书的学习，读者将全视角了解人工智能，掌握其核心概念与实际应用，深入理解人工智能背后的社会责任与伦理考量。

段玉聪　朱绵茂

2024 年 12 月

目　录

第一章　人工智能概述

第二章　人工智能在经济和社会中的应用

第三章　人工智能的政策与伦理挑战

第四章　人工智能与组织转型

第五章　未来展望与行动建议

第一章

人工智能概述

一、人工智能的定义与历史

人工智能（Artificial Intelligence，AI）自 20 世纪 50 年代起源于图灵的"机器能否思考"问题，经历了从符号主义到连接主义的多次变革。最初，人工智能聚焦于模拟人类认知，逐渐发展出专家系统与机器学习等技术。进入 21 世纪，随着大数据和计算能力的飞跃，人工智能应用遍及各行各业。展望未来，人工智能将突破传统的局限，探索人类意识与机器智能的融合，重新定义智能与创造，加深我们对思维、情感与意识的深刻理解。

（一）人工智能的定义

人工智能是一门研究如何让计算机系统表现出类似人类智能能力的学科。尽管关于人工智能的定义众说纷纭，但普遍认为，人工智能涉及的领域包括机器学习、自然语言处理、计算机视觉、机器人学等。简单来说，人工智能是通过计算机程序或算法来模拟人类的认知能力，包括感知、推理、学习和自我纠正等。

根据不同的研究视角，人工智能可以有不同的定义。从技术角度，人工智能被视为一种能够执行通常需要人类智能才能完成的任务的技术。例如，机器学习可以通过大量数据训练来识别模式并作出预测或决策，自然语言处理技术使计算机能够理解和生成人类语言，计算机视觉技术则让计算机能够识别和理解图像及视频内容。而从哲学角度，则更多关注于机器是否能真正具备类似于人类的思维能力。这种思考涉及机器是否能够具有意识、情感和创造力等问题。

在实际应用中，人工智能通常指那些能够自动执行任务、进行决策，并在一定程度上具备自我学习和适应能力的系统。例如，深度学习技术应用于图像识别，使得计算机能够在海量图片中准确识别出特定对象；自然语言处理技术使得智能助手能够理解用户的指令并作出相应的回应；而在自动驾驶领域，人工智能技术使得车辆能够在复杂的道路环境中自主导航。

（二）人工智能的发展历程

人工智能的发展历程可以追溯到 20 世纪 50 年代。在此之前，科学家和哲学家们已经开始思考机器是否能够具备智能。然而，真正意义上的人工智能研究始于 1956 年，在达特茅斯会议上，科学家们首次正式提出了"人工智能"这一概念，这也标志着人工智能作为一门独立学科的诞生。

1. 初期探索（1956 年—20 世纪 70 年代）

1956 年的达特茅斯会议被认为是人工智能历史上的重要起点。约翰·麦卡锡（John McCarthy）、马文·明斯基（Marvin Minsky）、艾伦·纽厄尔（Allen Newell）和赫伯特·西蒙（Herbert Simon）等计算机科学的先驱者们齐聚一堂，提出了机器可以像人类一样进行思考的观点。在这一时期，研究人员主要集中在开发能够解决问题和证明定理的算法上。例如，1966 年，约瑟夫·韦曾鲍姆（Joseph Weizenbaum）开发了名为"ELIZA"的早期自然语言处理程序，能够模拟心理治疗师与人类进行对话，这标志着人工智能在人机交互领域的一次突破。

2. 低谷与复兴（20 世纪 70—80 年代）

随着研究的深入，人工智能遇到了许多挑战。尽管早期的研究成果鼓舞人心，但计算能力的限制和算法的局限性导致许多预期未能实现。1973 年，英国的《莱特希尔报告》对人工智能的前景表示质疑，导致了对人工智能研究的资金削减，这一时期被称为"人工智能寒冬"。

然而，到了 20 世纪 80 年代，人工智能研究逐渐复苏。专家系统（Expert Systems）成为这一时期的重要研究方向。这些系统利用规则和知识库来模拟专家的决策过程，广泛应用于医疗诊断、金融分析等领域。虽然专家系统在商业应用上取得了一些成功，但它们的局限性也逐渐显现，例如难以处理不确定性和缺乏自我学习能力。

3. 机器学习的崛起（20 世纪 90 年代—2016 年）

进入 20 世纪 90 年代后，随着计算能力的提升和数据的爆炸性增长，机器学习（Machine Learning）开始崭露头角。与传统的基于规则的系统不同，机器学习依赖于数据来训练模型，使计算机能够自主发现数据中的模式和规律。1997 年，国际商业机器公司（IBM）的深蓝（Deep Blue）超级计算机战胜了国际象棋世界冠军加里·卡斯帕罗夫（Garry Kasparov），这是人工智能领域的一个里程碑，是人工智能在特定任务上的卓越表现。

进入 21 世纪，深度学习（Deep Learning）作为机器学习的一个分支迅速发展。深度学习通过多层神经网络对复杂数据进行处理，特别擅长处理图像、语音和自然语言数据。2012 年，深度学习模型在 ImageNet 图像识别竞赛中取得了突破性成果，极大地推动了人工智能的发展。2016 年，谷歌（Google）的 AlphaGo（一款围棋人工智能程序）在围棋比赛中击败世界冠军李世石，再次引起了全球对人工智能的关注。

4. 深度学习的持续革新（2017 年至今）

2017 年，Google 推出了 Transformer 架构，这是一种全新的神经网络结构，它基于自注意力机制（Self-Attention Mechanism），能够显著提高序列到序列模型的效率和效果。2018 年，Google 发布了 BERT（Bidirectional Encoder Representations from Transformers），这是一种基于 Transformer 的预训练方法，能够在多种自然语言处理（Nature Language Processing，NLP）任务上取得卓越的效果。2020 年，GPT-3（Generative Pre-trained Transformer 3）发布，NLP 再次向前迈出了一大步，显示出了更加强大的语言理解和生成能力。2023 年，GPT-4 发布，以其强大的多模态处理能力和更大的文本处理量，展示了在语言理解和生成方面前所未有的水平，不仅限于文本，还包括对图像的理解和生成。

我国尽管起步稍晚，但人工智能领域的发展也非常迅速，企业与研究机构积极投入大模型的研发之中，力求在国际竞争中占据有利位置。2023 年，百度发布"文心一言"，阿里发布"通义千问"系列，华为发布盘古人工智能-4.0等。

（三）人工智能的里程碑事件

1956 年：达特茅斯会议，正式提出人工智能这一学科。

1966 年：ELIZA 程序问世，展示了早期的自然语言处理能力。

1973 年：《莱特希尔报告》导致第一次"人工智能寒冬"。

20 世纪 80 年代：专家系统的兴起与应用。

1997 年：IBM 深蓝击败卡斯帕罗夫，展示了人工智能在国际象棋上的优势。

2012 年：深度学习在 ImageNet 竞赛中的成功，使人工智能技术迅速发展。

2016 年：AlphaGo 战胜李世石，标志着人工智能在复杂博弈中的突破。

2018 年，Google 发布 Duplex，实现几乎与真人无异的电话交流能力。

2020 年：OpenAI 推出 GPT-3，其文本生成能力为自然语言处理的应用带来了新的可能性。

2023 年，百度、阿里和华为分别推出了"文心一言"、"通义千问"系列和华为盘古人工智能 -4.0，标志着我国在大模型领域的快速发展。

通过以上发展历程的梳理，我们可以看到，人工智能从最初的概念提出，到今天成为推动社会进步的重要力量，经历了不断的创新和挑战。理解这一历史有助于更好地把握人工智能技术的发展脉络，在未来的决策中作出更为前瞻性的判断。

二、人工智能的基本分类

人工智能可按功能、能力和意识进行分类。按功能分类，有窄域人工智能（专注单一任务）和广域人工智能（跨领域学习和推理）；按能力分类，有人工狭窄智能（专注特定领域）、人工通用智能（多任务处理）和超人工智能（超越人类智能）；按意识分类，有无意识人工智能（仅依赖算法）和人工意识（具备自我认知，尚未实现）。这些分类明确了人工智能的发展方向与潜力。

（一）人工智能的不同视角

人工智能可以根据不同的标准进行分类，这些分类有助于我们更好地理解人工智能系统的特性和应用场景。

1. 功能分类

工具型人工智能（Tool AI）：这类人工智能主要侧重于执行特定任务，如数据分析、模式识别或决策支持。它们通常在后台工作，不需要直接与人类用户进行互动。例如，用于预测股市走势的算法、推荐系统或是天气预报模型都属于工具型人工智能的应用实例。

交互型人工智能（Interactive AI）：相较于工具型，交互型人工智能更注重与用户的沟通和互动体验。这种类型的人工智能包括但不限于聊天机器人、语音助手（如 Siri、Alexa）以及虚拟客服代表等。它们不仅需要理解和回应用户的请求，有时还需要具备一定的对话管理能力和情感智能，以便更好地模拟人际交往。

2. 能力分类

专用（窄）人工智能（Narrow AI）：这是目前最为常见的人工智能形式，它专注于解决特定领域内的问题，例如图像识别、语音转文字等。窄人工智能在特定任务上可能表现得比人类更好，但它无法将其技能转移到其他不同性质的任务上。

通用人工智能（Artificial General Intelligence, AGI）：理论上讲，通用人工智能具有广泛的知识和适应性，能够在多种环境中学习新事物并解决各种类型的问题。虽然目前尚未实现真正意义上的通用人工智能，但这是许多研究人员努力的目标之一。

3. 意识分类

无意识机器（Unconscious Machines）：绝大多数现有的 AI 系统都是在这个类别内，它们没有自我意识或主观体验，只是依照编程规则和算法运行。

类人意识机器（Human-Like Conscious Machines）：这是一种假设性的未来形态，其中的人工智能系统可能拥有某种形式的意识或自我感知能力。尽管这个概念仍然处于理论探讨阶段，但它激发了许多科幻作品中的想象，并引发了关于机器权利和伦理道德的讨论。需要注意的是，目前科学界对于如何赋予机器意识并没有明确的答案，而且这种技术的发展也面临着巨大的技术、伦理和法律挑战。

（二）人工智能的学习方法

人工智能系统的智能行为主要通过学习来实现。根据学习过程的不同，人工智能的学习方法可以分为以下几类。

1. 监督学习（Supervised Learning）

监督学习是一种机器学习方法，其中系统通过已有的标注数据进行训练。在这种方法中，系统被提供了大量带有正确答案的训练数据（即输入和输出的配对），通过学习这些数据，系统能够推断出输入与输出之间的映射关系。监督学习广泛应用于分类和回归问题，如垃圾邮件过滤、图像分类和语音识别等。

2. 无监督学习（Unsupervised Learning）

无监督学习是一种无需标注数据的机器学习方法。系统通过分析输入数据的内在结构和模式来进行学习，而无需明确的输出标签。无监督学习常用于数据聚类、降维和异常检测等任务。一个典型的应用是市场分析中的客户细分，通过聚类算法识别出不同类型的客户群体。

3. 强化学习（Reinforcement Learning）

强化学习是一种通过试错过程进行学习的方法，系统通过与环境的交互来获得经验，并根据获得的反馈（奖励或惩罚）来调整行为策略。强化学习在解决动态决策问题上表现优异，特别是在游戏人工智能、机器人控制和自动驾驶领域。例如，AlphaGo通过强化学习，在无数次模拟对局中优化了下棋策略，最终击败了人类顶尖围棋选手。

4. 深度学习（Deep Learning）

深度学习是机器学习的一个子领域，它通过深层神经网络来模拟人脑的学习方式。深度学习在处理复杂数据（如图像、语音、自然语言）方面表现出色，得益于其强大的非线性映射能力和大规模数据处理能力。深度学习在图像识别、语音合成、自动翻译等领域取得了显著的成果，成为当今人工智能发展的核心技术之一。

（三）人工智能的应用领域

人工智能在不同领域的应用可以按照其技术分类进行划分，主要包括以下几个重要领域：

1. 自然语言处理（Natural Language Processing, NLP）

自然语言处理是人工智能的一大分支，旨在使计算机能够理解、处理和生成人类语言。NLP 的应用涵盖了文本分析、机器翻译、语音识别、聊天机器人等多个领域。例如，谷歌翻译和微软的 Office 语法检查工具都依赖于 NLP 技术来提供服务。随着深度学习的引入，NLP 取得了巨大的进步，如 BERT 和 GPT 等模型在理解和生成自然语言方面表现优异。

2. 计算机视觉（Computer Vision）

计算机视觉是使计算机能够"看懂"图像和视频的技术，广泛应用于自动驾驶、安防监控、医疗影像分析等领域。通过深度学习，特别是卷积神经网络（Convolutional

Neural Network, CNN）的发展，计算机视觉技术取得了飞速进展。例如，自动驾驶汽车依赖计算机视觉技术来识别道路上的行人、车辆、交通标志等，从而实现安全驾驶。

3. 机器人学（Robotics）

机器人学融合了人工智能、机械工程、电子学和计算机科学，用于设计和制造能够执行复杂任务的智能机器人。机器人学的应用范围非常广泛，包括工业机器人、服务机器人、医疗机器人和探索机器人等。通过强化学习和计算机视觉技术，现代机器人能够在动态环境中执行精细操作，甚至可以自主学习和适应新的任务。

通过这些分类与应用领域的介绍，我们可以看到人工智能作为一门跨学科的前沿技术，正在逐步渗透到各行各业。在理解这些基本分类后，可以更好地判断和应用人工智能技术，以推动社会发展和组织变革。

三、人工智能的技术基础

人工智能的技术基础依赖于核心算法、算力与模型的创新，如深度学习、强化学习等；数据的质量与数量直接影响人工智能性能；计算能力的发展推动了更复杂模型的实现，使人工智能在处理大规模数据和任务时更加高效与精准。

（一）核心算法与模型

人工智能的核心在于算法与模型的设计和应用。这些算法通过处理和分析大量数据，能够从中提取模式、预测结果或做出决策。以下是一些关键的人工智能算法与模型，它们在不同领域中发挥着重要作用。

1. 决策树（Decision Trees）

决策树是一种树形结构的模型，用于分类和回归任务。在决策树中，每个节点表示一个特征，每条边代表一个决策，最终的叶节点给出预测结果。决策树算法简单直观，广泛应用于金融、医疗等领域的决策支持系统中。

2. 支持向量机（Support Vector Machines, SVM）

支持向量机是一种用于分类和回归分析的监督学习模型。它通过在多维空间中找到一个最佳超平面来区分不同类别的数据点。SVM 在处理高维数据时表现出色，常用于图像分类、文本分类等任务中。

3. 神经网络与深度学习（Neural Networks and Deep Learning）

神经网络是人工智能的核心模型之一，它模拟了人脑神经元的结构，通过多层网络的连接来处理复杂数据。深度学习是神经网络的一个分支，通过增加网络的层数，使得模型能够捕捉更复杂的特征。深度学习广泛应用于图像识别、自然语言处理、语音识别等领域。卷积神经网络和递归神经网络（Recurrent Neural Network, RNN）是深度学习中最常用的两种模型，前者擅长处理图像数据，后者则在处理序列数据（如文本和时间序列）方面表现优异。

4. 强化学习（Reinforcement Learning）

强化学习是一种通过与环境的交互来学习最优策略的机器学习方法。它基于奖励和惩罚的机制，使智能体能够在复杂动态环境中作出最佳决策。强化学习在游戏人工智能、自动驾驶和机器人学中具有广泛应用。

（二）数据的重要性

数据被誉为人工智能的"燃料"，是支撑人工智能算法和模型运行的关键要素。人工智能模型的性能在很大程度上依赖于所使用的数据的质量和数量。

1. 数据获取与处理

在人工智能系统中，数据的获取是至关重要的一步。数据可以来自多个来源，如传感器、数据库、互联网等。为了保证模型的准确性，数据需要经过清洗、标注和预处理，确保数据的一致性、完整性和可靠性。

2. 大数据与数据驱动的决策

大数据时代的到来，使得海量数据成为可能，人工智能技术可以利用这些数据进行深度分析，从中挖掘出有价值的信息。这种数据驱动的决策模式已被广泛应用于商业、医疗、金融等领域。例如，在电商平台上，推荐系统利用用户的历史行为数据来预测用户的购买偏好，从而提供个性化的商品推荐。

3. 数据隐私与伦理问题

尽管数据对于人工智能的发展至关重要，但数据隐私和伦理问题也引发了广泛关注。如何在保护个人隐私的前提下使用数据，是人工智能领域面临的一个重要挑战。欧盟的《通用数据保护条例》就是一个旨在保护用户隐私的重要法规，要求在处理个人数据时必须获得用户的同意，并且提供删除数据的权利；美国的《加州消费者隐私法》赋予了消费者更多的数据控制权；加拿大的《个人信息保护与电子文件法》规定了私营部门在收集、使用和披露个人信息时必须遵守的原则，保护个人隐私；中国的《中华人民共和国个人信息保护法》保护个人信息安全和合法权益，确立了个人信息处理的基本规则，包括收集、使用、存储和传输个人信息的原则。

（三）计算能力的发展

人工智能的进步在很大程度上依赖于计算能力的提升。现代人工智能技术的发展得益于硬件计算能力的飞跃，包括 GPU、云计算、边缘计算等技术的发展。

1. GPU（图形处理单元）

GPU 最初用于图形渲染，但由于其在并行计算上的优势，逐渐成为人工智能特别是深度学习的主要计算工具。与传统的 CPU 相比，GPU 可以同时处理大量的计算任务，使得复杂的深度学习模型能够在合理的时间内完成训练。这种计算能力的提升大大推动了深度学习技术的发展。

2. 云计算与分布式计算

云计算通过提供强大的计算资源和存储能力，使得大型人工智能模型的训练和部署成为可能。借助云计算平台，企业和研究机构可以按需获取计算资源，进行大规模数据处理和模型训练。分布式计算则通过多台计算机协同工作，进一步提高了计算效率，特别是在处理大规模数据集时效果显著。

3. 边缘计算

随着物联网（IoT）的发展，边缘计算逐渐成为一种新的计算模式。边缘计算将数据处理任务从中心服务器移至靠近数据源的边缘设备上，从而减少了数据传输的延迟，提高了实时处理能力。在人工智能应用中，边缘计算能够支持更快速的决策和响应，特别适用于需要实时处理的场景，如智能监控和自动驾驶。

四、人工智能的伦理与安全问题

人工智能的伦理与安全问题包括隐私保护、算法偏见、决策透明性、数据中毒、人工智能的军事化等挑战。人工智能可能加剧社会不平等或引发失业问题且在自我学习过程中可能产生不可预测的行为，因此需要严格监管、制定法律与道德规范。

（一）人工智能的伦理挑战

随着人工智能技术的迅速发展，伦理问题变得越来越突出。伦理挑战不仅关系到技术本身的应用方式，还涉及社会公平、隐私保护、人类自主权等基本问题。

1. 数据隐私与个人信息保护

数据是人工智能的核心，但数据的收集、存储和使用不可避免地涉及隐私问题。大量的个人数据被用于训练人工智能模型，这些数据往往包含了敏感的个人信息，如地理位置、健康记录、消费习惯等。如果这些数据被不当使用或泄露，可能会对个人隐私造成严重威胁。例如，某些数据泄露事件中，用户的社交媒体活动、信用卡交易记录等信息被公开，导致隐私暴露。

法规如欧盟《通用数据保护条例》（GDPR）规定了严格的数据处理要求，强调了用户数据保护的权利。我国《中华人民共和国个人信息保护法》是针对个人信息保护的系统性、综合性法律，旨在保护个人信息安全和合法权益，为主体提供了强有力的法律保障。在推动人工智能应用时，必须确保数据的合法合规使用，尊重个人隐私权，避免因数据滥用引发法律和伦理道德等社会问题。

2. 算法偏见与公平性

人工智能系统的决策质量依赖于训练数据和算法的设计。然而，如果训练数据存在偏见，或算法设计时未考虑公平性，可能导致系统做出不公正的决策。例如，在招聘、信用评估、执法等关键领域，算法偏见可能会强化社会不公等现象。如，某知名招聘网站曾被曝光在使用人工智能筛选简历时存在性别偏见，当时引发了广泛的社会讨论。

为了应对算法偏见，研究人员正在开发公平性算法，并在模型训练过程中引入多样性和公平性评估。此外，政策制定者也应当制定相关标准和指南，确保人工智能系统在关键决策中体现公平性。

3. 人类自主权与决策透明性

随着人工智能在自动化决策中的应用越来越广泛，人类自主权的问题变得尤为重要。例如，自动驾驶汽车、医疗诊断系统等人工智能应用，都可能在关键时刻影响人类的生命和安全。问题在于，当这些系统的决策机制变得难以理解和解释时，人们可能会对这些系统产生依赖，而失去对决策过程的控制权。

因此，可解释性和透明性成为人工智能系统设计的重要原则。可解释的人工智能（Explainable AI, XAI）旨在使系统的决策过程更加透明，使用户和监管机构能够理解系统的决策逻辑，从而增强信任并确保决策的合理性。

（二）人工智能的安全问题

人工智能系统的安全性不仅涉及技术层面，还包括如何防止系统被恶意利用，以及在社会层面如何保障公共安全。

1. 对抗性攻击与系统脆弱性

对抗性攻击是指通过对输入数据进行细微的、几乎无法察觉的修改，使得人工智能系统作出错误的判断。例如，攻击者可能在图像上添加噪声，使得图像识别系统将"猫"识别为"狗"，或者让自动驾驶系统将"停止"标志识别为"限速"标志。这类攻击揭示了当前人工智能系统的脆弱性，特别是在关乎安全的应用中，如自动驾驶、金融交易及其监管和医疗诊断等。

为了应对对抗性攻击，研究人员提出了多种防御策略，如对抗性训练、输入验证和模型增强等。然而，安全性问题的复杂性使得这些防御方法仍然在不断发展和优化中。

2. 人工智能的误用与滥用

除了对抗性攻击，人工智能还可能被恶意使用。例如，深度伪造（Deep fake）技术可以通过生成逼真的虚假视频或音频，用于制造假新闻、诽谤或进行欺诈。此外，人工智能驱动的自动化武器系统也引发了对军事冲突升级和难以控制的战争风险的担忧。

针对这些风险，国际社会正在努力制定相关的法律和伦理框架，以规范人工智能的使用。例如，联合国正在推动对自动化武器系统的国际规范，并呼吁对深度伪造技术的监管和限制，防止民用电子设备的武器化。

3. 人工智能系统的鲁棒性

鲁棒性（Robustness）指的是人工智能系统在面对不确定性、变化或攻击时仍能稳定运行的能力。对于涉及人类安全的系统，如医疗诊断、交通控制、金融交易，鲁棒性显得尤为重要。例如，在自动驾驶场景中，系统必须能够应对突发情况，如行人突然出现或恶劣天气条件下的道路变化。

提高人工智能系统的鲁棒性，需要在设计和开发阶段进行充分的测试和验证，并在应用中持续监控和更新系统，以应对不断变化的外部环境和潜在威胁。

4. 数据中毒

数据中毒指的是对训练数据的恶意操纵，以损害人工智能模型的完整性和功能。通过注入各种各样精心制作的虚假或误导性信息，网络攻击者可以潜移默化地影响模型的行为，导致不准确的预测、错误的决策，甚至泄露敏感数据，以致产生各种损失等。

（三）人工智能的法律与社会责任

人工智能技术的发展迅速，往往超出了现有法律框架的适应范围。这使得法律界、政策制定者和社会各界对人工智能的法律与社会责任问题产生了广泛的关注。

1. 法律责任的界定

随着人工智能在关键领域中的应用增加，法律责任的界定变得复杂。例如，自动驾驶汽车发生事故时，责任应该归于车辆制造商、软件开发者还是车主？类似的问题在医疗、金融交易等领域同样存在。现有法律体系通常是为人类行为设计的，如何适应和调整以应对人工智能的挑战，成为法律界面临的重要课题。

许多国家正在探索新的法律框架，以应对人工智能带来的责任问题。2019年美国发布《美国人工智能倡议》，目的是确保美国在人工智能技术创新应用方面继续保持领先；2022年美国发布《人工智能权利法案》，提出通过"建立安全和高效的系统、避免算法歧视、保护数据隐私、及时履行通知与解释义务、准备替补方案与退出机制"五项原则，预防滥用人工智能技术带来的风险；2023年6月，全球最大的隐私保护组织——国际隐私专业协会（IAPP）发布《美国联邦人工智能治理：法律、政策和战略》报告，探讨人工智能迅速发展背后美国联邦人工智能治理现状；2023年10月，美国政府发布《关于安全、可靠和可信的AI行政命令》；2024年8月，美国加利福尼亚州州议会通过了《前沿人工智能模型安全创新法案》（法案编号1047），这一法案标志着全球首个针对人工智能（AI）模型的安全标准正式落地。2024年欧盟发布全球首个《人工智能法案》，旨在规范高风险人工智能应用的开发和使用，并明确各方的责任和义务；欧洲议会及欧盟理事会关于人工智能协调规范的第（EU）2024/1689号条例已于2024年7月在《欧洲联盟公报》上公布并于8月生效，其全部内容均具法律约束力并直接适用于各成员国。我国也出台了一系列政策应对这些挑战。2019年国家新一代人工智能治理专业委员会发布《新一代人工智能治理原则——发展负责任的人工智能》，强调了人工智能技术应当具备透明性、可解释性、公平性等特点，并呼吁各方共同努力，促进人工智能的健康发展；2021年施行的《中华人民共和国民法典》包含关于人工智能法律责任的规定，为处理相关案件提供依据；2022年12月，最高人民法院发布《关于规范和加强人工智能司法应用的意见》这一司法解释；2023年国家互联网信息办公室等七部门联合发布《生成式人工智能服务管理暂行办法》，旨在促进生成式人工智能健康发展和规范应用，维护国家安全和社会公共利益，保护公民、法人和其他组织的合法权益；2024 年 3月，"AI 善治论坛——人工智能法律治理前瞻"专题研讨会在北京举行，与会专家共同探讨如何更好引导和规范人工智能发展，并就相关法律建设进行了交流讨论。

2. 社会责任与伦理规范

除了法律责任，人工智能的开发和使用还涉及广泛的社会责任。例如，企业在开发人工智能产品时，是否应当考虑到社会的普遍利益？如何避免技术的负面外溢效应？这些问题要求企业和技术开发者在伦理规范方面进行自律，并在开发过程中与社会各界进行沟通。

国外许多科技公司已经开始制定自己的伦理准则，设立专门的伦理委员会来监督人工智能项目的进展。例如，谷歌、微软、IBM 等公司均设立了相关的伦理指导原则，强调透明性、责任性和公平性等核心价值，通过内部的伦理审查机制，确保其人工智能产品和服务不会侵犯人权或加剧人类社会不公平。苹果公司在其供应商责任报告中强调公平对待所有员工的重要性，并将其伦理标准应用于其技术开发过程中。与此同时，各个国家和地区的政策制定者也在推动相关立法，以确保人工智能技术的发展符合社会的整体利益。

（四）全球视野下的人工智能伦理与安全

人工智能的伦理与安全问题不仅是国家和地区的问题，更是全球性的挑战。随着人工智能技术的广泛应用，各国之间在技术、伦理和法律上的差异可能导致新的国际矛盾与冲突。

1. 国际合作与规范

由于人工智能的跨国性质，国际合作在应对伦理与安全挑战中显得尤为重要。例如，如何防止人工智能技术在战争中的滥用，如何协调各国的隐私保护标准等，这些都是需要通过国际合作来解决的问题。国际组织如联合国、欧盟等正在推动建立全球性的人工智能治理框架，以促进各国在人工智能领域的合作与协调。

2. 技术的文化适应性

不同国家和文化对人工智能的接受度和理解存在差异，这种文化差异可能影响人工智能技术的推广和应用。例如，一些国家可能更关注隐私保护，而另一些国家可能更重视技术的创新能力。在全球推广人工智能技术时，需要考虑这些文化因素，以便制定更加灵活和适应性的政策。

第二章

人工智能在经济和社会中的应用

一、经济领域中的人工智能

人工智能技术已经广泛应用到各个经济领域，为各行业带来了显著的效率提升、成本降低和创新机会。在这部分中，我们将探讨人工智能在工业、制造业、金融行业、医疗保健等经济领域的应用，分析其带来的变革与挑战。

（一）工业中的人工智能

人工智能在工业领域的应用广泛而深入，其强大的数据处理、分析和预测能力为工业生产带来了革命性的变化。人工智能在工业领域的应用不仅仅局限于生产过程的优化，更深层次地参与到工业领域的管理、规划和决策中，推动了整个工业系统的智能化和高效化。

1. 工业物联网（IIoT）

工业物联网结合了人工智能、传感器、云计算等技术，将工业设备和生产设施连接成智能网络系统。通过传感器和智能设备，人工智能能够实时收集工业设备的运行数据，并对数据进行智能分析，以监控设备的运行状况和操作参数等，及时实现调整。这种实时监控不仅提高了设备的运行效率，还延长了设备的使用寿命。此外，人工智能通过分析设备传感器数据，能够远程监控设备的运行状况，及时诊断问题并提供维护建议，减少现场维护的需求，降低设备停机风险。例如，在汽车制造行业中，通过部署大量的传感器来监测生产线上的每一个环节，人工智能系统可以即时发现潜在的问题并提出解决方案，这不仅提高了生产线的效率，同时也降低了因故障导致的停机时间。此外，基于人工智能的工业物联网平台还能通过学习历史数据来预测设备的维护周期，从而提前安排保养工作，进一步提升了设备的可靠性和使用寿命。

2. 智能工业自动化与流程控制

对于那些生产工艺复杂、对精度要求极高的工业生产而言，如化工、石油加工及冶金等，人工智能的应用更是不可或缺。这些工业生产过程中涉及众多变量的精确控制，稍有不慎就可能导致严重的事故或经济损失。借助于人工智能技术，可以实现对生产流程的高度自动化控制。例如，人工智能能够自动调整生产流程中的温度、压力、流量等参数，确保生产过程的稳定和高效。在化工生产中，人工智能可以调节反应条件以最大化产出和最小化资源消耗。此外，人工智能通过数据驱动的模型能够优化整个生产系统，使其在资源利用、能耗和产出质量之间达到最佳平衡，从而提高生产效率和产品质量。

3. 数字孪生与虚拟仿真

数字孪生是指利用物理模型、传感器更新、运行历史等数据，在虚拟环境中复制一个实体产品行为的技术。人工智能在工业领域的数字孪生技术也具有广泛应用，尤其在大型机械设备、发电站、矿井等复杂系统中。通过人工智能构建的数字孪生体，企业可以仿真设备的运行状况，预测未来的性能和可能出现的故障，提前进行优化和维护。在进行复杂设备设计时，人工智能虚拟仿真可以帮助工程师在实际生产前进行多次虚拟试验，减少设计缺陷，提升产品性能。这种虚拟仿真技术不仅节省了时间和成本，还提高了设计的准确性和可靠性。

4. 能源管理与优化

能源是工业生产中的关键因素，人工智能在能源行业中的应用包括优化能源的生成、分配和使用。智能电网通过分析电力需求、天气预测和能源生产数据，帮助能源企业优化电力供应和分配，确保能源资源的合理利用，减少浪费。在风能、太阳能等可再生能源领域，人工智能通过分析历史天气数据和实时传感器信息，优化能源的生产和分配，减少能源波动对工业生产的影响。这种智能化的能源管理系统不仅提高了能源利用效率，还促进了可持续发展。

5. 工业机器人等各类机器人

随着人工智能的进步，工业机器人不再仅仅是执行简单任务的工具，而是能够通过人工智能算法与人类协同工作。智能机器人可以自主学习，适应不同的生产任务和环境变化。人工智能赋予工业机器人更高的感知能力和决策能力，使其能够与人类工人协同工作，完成更加复杂和精细的操作。例如，在汽车制造行业，人工智能驱动的机器人可以与人工协作进行焊接、组装、喷漆等工作，通过人工智能感知周围环境的变化并作出相应调整，提高工作效率和安全性。人机协作不仅减少了人工劳动的强度，还提高了生产的灵活性和适应性，推动工业自动化的进一步发展。在一些政府机关，开始尝试利用人工智能"公务员"机器人工作，工作效率很高，甚至一个人能够干多个人的活。

（二）制造业中的人工智能

制造业是人工智能技术应用的重要领域之一，随着人工智能的不断发展，制造业正在从传统的手工操作和机械自动化转型为智能制造。人工智能的引入不仅提升了生产效率，还为制造流程的各个环节带来了革命性的改变。在智能制造的推动下，人工智能逐渐应用到生产、管理、供应链、产品设计等多个层面，实现了高度智能化和精细化的运作。

1. 智能生产与自动化

人工智能的应用极大地推动了制造业向智能化转型，使得生产过程不仅更加高效，而且更加灵活可靠。通过集成工业机器人、智能设备以及先进的传感器技术，生产线上的许多操作已经实现了高度自动化。人工智能算法能够实时收集并分析来自生产线各个节点的数据，这不仅有助于即时优化生产流程，减少不必要的停机时间，还可以显著提高最终产品的质量和一致性。例如，采用机器学习技术的预测性维护系统，能够通过分析设备的历史运行数据，提前识别出可能出现故障的部件，及时进行预防性维护，有效避免了因意外故障导致的生产中断，从而大大降低了维修成本和时间损失。

2. 供应链优化

供应链管理因其固有的复杂性和不确定性，成为人工智能技术应用的理想领域。借助强大的数据处理能力和高级分析算法，人工智能可以帮助企业更精准地预测市场需求，优化从原材料采购到成品交付的每一个环节。通过综合分析历史销售记录、市场趋势以及实时的外部信息，如天气预报和经济指标，人工智能系统能够为企业提供更加科学的决策支持。例如，某些大型制造企业已经开始利用人工智能技术来优化其库存管理策略，通过动态调整库存水平，既减少了因库存过剩而产生的存储成本，又避免了因库存不足而导致的生产延误，从而在保证供应链灵活性的同时，大幅降低了运营成本并提升了市场响应速度。

3. 定制化与灵活生产

随着消费者需求日益多样化，制造业正逐渐从传统的批量生产模式转向更加灵活、个性化的生产方式。人工智能技术在此过程中发挥了至关重要的作用。通过深入分析消费者的偏好和购买行为数据，制造企业能够更加准确地捕捉市场趋势，快速调整其生产计划，以满足不断变化的市场需求。这一"智能制造＋个性化定制"的新型生产模式，不仅提高了生产效率，降低了成本，还增强了企业的市场竞争力。例如，在服装制造行业，企业可以通过人工智能技术分析社交媒体上的流行趋势，结合顾客的具体需求，实现快速设计和生产定制化的产品，从而更好地满足消费者的个性化需求，提高客户满意度。

（三）人工智能与金融监管

金融机构已使用人工智能多年。金融行业是另一个越来越受益于人工智能技术发展的关键领域。人工智能在金融行业中的应用，不仅提高了金融服务的效率，还改善了金融风险监管、客户体验和金融机构效益。人工智能在金融领域的应用分为工具辅助、信息处理和业务决策三个层次。目前国内金融机构对人工智能的应用集中于工具辅助功能，在降本增效、提升合规性、提高监管的有效性以及用户体验感上效果初显，但是相应的关于人工智能金融监管的法律规范滞后。同时，开放式的平台架构也为金融机构提供所需的人工智能开发工具、软件与治理框架，助力实现金融交易数字化转型与智能化升级。目前值得关注的三大人工智能金融应用场景包括：客户支持聊天机器人，用于反洗钱和打击恐怖主义融资的欺诈检测，以及信用和保险承保。麦肯锡（2024）估计，生成式人工智能每年可能为金融行业带来2000亿到3400亿美元的价值，约占行业总收入的2.7%，主要通过提高生产力来实现。

1. 智能投顾与资产管理

智能投顾（Robo-Advisors），又称机器人理财，是人工智能在金融领域的一个显著应用。智能投顾通过机器学习算法分析市场数据、投资者风险偏好和投资目标，自动为客户提供个性化的投资建议，并执行交易。与传统人工投顾相比，智能投顾成本更低，服务更快，效率更高，准确率更高且能够处理更为复杂的投资组合。在财富管理方面，人工智能加持下的助手已经改变了金融顾问服务客户的方式，也在增强银行的客户服务，提供实时洞见和个性化建议。在资产价值评估方面，通过大数据分析和深度学习，人工智能可以提供更加精确的评估结果，降低人为因素导致的误差。同时，智能评估系统可以实时更新数据，提高评估效率，满足快速变化的市场交易需求。

2. 风险管理与欺诈检测

在金融监管领域，人工智能技术的应用展现出巨大的潜力和价值，不仅能够提升监管的精准度和效率，降低人为错误、操纵市场和欺诈风险，还能够为精准监管决策提供科学依据，助力金融市场的稳定与发展。通过对海量交易数据的实时分析，人工智能系统能够识别异常交易行为，检测潜在的金融欺诈。比如，信用卡公司使用人工智能模型监控客户的交易模式，一旦发现异常活动，如异地或大额消费，系统可以立即发出警报或阻止交易，从而减少欺诈风险。

3. 客户服务与体验优化

人工智能驱动的聊天机器人和虚拟助理广泛应用于金融行业的客户服务中。这些智能系统可以 24 小时在线，快速回答客户的问题，帮助处理常见的银行业务，如账户查询、转账等。与此同时，人工智能还通过分析客户的行为和历史数据，为其提供个性化的金融产品和服务，提升客户体验。

4. 人工智能的国际金融管理发展趋势

国际清算银行、国际证券事务监察委员会组织等国际组织一直在积极推进金融领域人工智能研究，这些金融机构自 2021 年起陆续发布一系列的研究报告，主题覆盖市场中介机构和资产管理公司对人工智能和机器学习的应用、人工智能在中央银行的应用、中央银行的生成式人工智能与网络安全、人工智能如何重塑各种各样的金融业等。世界各个国际金融组织及各国金融监管部门聚焦于人工智能在金融业的运用现状、机会与挑战以及蕴含风险的探讨，推出具有遵循意义或操作指导的治理原则、风险框架、指引等。

5. 欧洲金融人工智能监管规则

目前欧洲银行管理局、欧洲保险与职业养老金局等已发布的人工智能监管规则，以及德国、法国、卢森堡、荷兰等国家发布的适用于本国的治理框架、总体原则等，基本与欧盟通用人工智能监管要求保持一致。从影响来看，依据欧盟《人工智能法案》的风险分级，部分金融行业的人工智能应用被划分为高风险，例如银行的人工智能信用评分系统，保险领域为健康或人寿保险单定价的人工智能系统等。这些在金融领域运用的高风险人工智能必须满足高标准的稳健性和准确性管理规则，在强大的风险管理框架内运行，并确保人工监督和对其输出信息的正确理解。这些要求将适用于欧盟《人工智能法案》生效两年后部署的所有新系统，为金融机构履行合规义务保留了窗口期。而依据欧盟《人工智能法案》以及欧盟《人工智能与人权、民主和法治框架公约》的强制性要求，金融机构应用人工智能还需建设相应的治理架构、持续的风险评估与管理流程，并配备各种监管岗位与专家。针对 2023 年 3 月的英国《促进创新的人工智能监管方法》白皮书，英国政府于 2024 年 2 月发布了回应。英格兰银行、审慎管理局、金融行为监管局等监管机构被要求在 4 月底前发布自己的人工智能监管计划和方案来确保人工智能在金融领域广泛运用的安全监管。

6. 美国的人工智能金融监管

目前美国金融领域的人工智能监管规则不多，具有强制性遵循意义的要求来自美国消费者金融保护局发布的《关于复杂算法不当行动要求的通知》与《贷款人使用人工智能拒绝信贷的指南》，旨在聚焦人工智能在金融业的具体应用场景，保护金融消费者公平，避免算法与人工智能技术带来的系统性歧视。美国财政部、证券交易委员会、联邦贸易委员会、商务部、商品期货交易委员会等金融监管机构发布的文件主要形式为征求意见（RFC）、拟议规则预先通知（ANPR）、拟议规则通知（NPR）、信息请求（RFI）、研究报告等，主题涉及金融业务监控与数据安全，人工智能运用于鉴证与信托、自动化估值模型、使用预测数据分析的利益冲突等，相关内容尚处于公众探讨与征询各个部门的意见阶段，对金融机构暂不具备约束力。但是，对人工智能在金融领域的广泛应用所产生的一系列风险进行了详细的分析，对如何制定法律法规来实施监管进行多方面的探讨。随着人工智能在金融领域的广泛应用，美国的金融监管部门会制定一系列的人工智能金融监管法律和规则来确保金融业务得到有效管理。

目前，各个国家金融监管机构对于人工智能监管的立法并不多，各区域／国家金融监管部门主要根据整体性的人工智能监管政策与要求，在各自职能领域针对其应用进行立法规范。但随着人工智能在金融领域的大规模使用，国家层面亦在酝酿金融领域的人工智能法律监管要求。如何依靠先进的技术手段，构建智能化、精准化的监管体系，利用人工智能技术提升监管效能，确保金融市场秩序的公平与公正，是金融领域人工智能法律和监管亟须解决的新课题。

（四）医疗保健中的人工智能

医疗保健是人工智能技术应用前景最为广阔的领域之一。伴随医学技术和大数据的飞速发展，人工智能正在推动医疗行业实现质的飞跃，全面提升医疗服务质量、优化诊断和治疗方案、降低医疗成本，并显著改善患者的整体体验。

1. 智能诊断与影像分析

在医学影像领域，人工智能的引入彻底变革了疾病检测和诊断的传统方式。现代医学成像技术（如 X 光片、CT 扫描和 MRI 成像）虽然在疾病诊断中发挥着重要作用，但它们产生的庞大图像数据需要医生进行复杂的分析。人工操作不仅增加医生的工作负担，也可能导致诊断结果因人为因素而不够精准。借助深度学习算法，特别是卷积神经网络，人工智能可以自动分析海量医学图像，迅速识别潜在病变。例如，在肺癌、乳腺癌、脑肿瘤等重大疾病的早期诊断中，人工智能系统的表现已逐步超越人类医生。这是因为人工智能能够检测到肉眼难以察觉的微小病变迹象，同时在极短时间内完成图像分析，大幅提升诊断的精度与效率。

尽管人工智能在医学影像领域取得了显著成果，但其推广与实际应用仍面临诸多挑战。医疗数据的隐私和安全问题不容忽视。由于医疗数据具有高度敏感性，人工智能系统必须具备严格的隐私保护机制，以确保患者信息的安全。不同医疗机构和设备所产生的数据格式差异较大，给人工智能系统的泛化应用带来了技术上的挑战。未来，随着联邦学习（Federated Learning）等新兴技术的进一步发展，人工智能有望突破数据共享和隐私保护的瓶颈，使全球医疗机构在保障数据安全的前提下实现数据共享，从而进一步提升人工智能系统的诊断能力和效果。

2. 个性化治疗与药物研发

个性化治疗是现代医学的一个重要发展方向，旨在根据每位患者的具体情况量身定制最佳治疗方案。传统治疗方式通常采用统一的标准方案，然而由于患者的基因、病史和生活方式各不相同，通用的治疗方案在许多情况下无法达到最佳效果。人工智能通过分析患者的基因组数据、电子病历和医疗影像等大数据，能够识别个体化治疗需求。例如，在癌症治疗中，人工智能能够根据患者肿瘤基因的突变类型推荐最适合的靶向药物，从而提高治疗精准性和效果。

药物研发传统上是一个复杂且耗时的过程，通常需要多年时间才能将新药推向市场。人工智能的应用显著改变了这一现状，它通过模拟药物与疾病靶点的相互作用，大大缩短了药物研发周期。例如，人工智能能够通过已有的化合物数据，预测新化合物的潜在疗效和副作用，从而加速药物筛选。人工智能还能通过分析生物分子结构与疾病基因数据，发现新的药物靶点。这一技术不仅可以降低研发的失败率，还显著节约了实验成本。

3. 远程医疗与健康管理

互联网和物联网技术的快速发展，使得远程医疗成为一种高效的医疗服务模式，尤其在偏远地区或医疗资源匮乏的环境中，远程医疗展现出强大的生命力。通过远程医疗平台，人工智能能够提供初步诊断和治疗建议，帮助医生更快、更准确地处理病患信息。远程医疗不仅能实现患者与医生的远程沟通，还能够依托智能系统实现实时数据监控。例如，患者佩戴的智能设备可以实时监测心率、血压等健康指标，并将数据上传到云端。人工智能通过分析这些数据，能够对疾病风险进行评估，甚至提前预警潜在的健康问题。

在健康管理领域，人工智能的作用日益显著。通过分析从智能穿戴设备采集的健康数据，人工智能能够为用户提供个性化健康建议，例如控制饮食、制订运动计划等。对于慢性病患者（如糖尿病患者），人工智能可根据血糖变化动态调整胰岛素剂量，从而更好地管理病情，提高患者生活质量。

4. 医疗保健中人工智能的未来发展方向

展望未来，随着人工智能技术的不断发展，以及大数据在医疗领域的进一步应用，人工智能将在更多医疗场景中发挥关键作用。

增强型人工智能助手。人工智能不仅在诊断和治疗中提供辅助，还可能直接参与手术。例如，机器人手术系统结合人工智能分析能够实现更加精准的操作。

实时健康预警系统。基于物联网技术的人工智能健康监测设备将更加普及，能够为用户提供 24 小时的健康数据跟踪与疾病预警。

人工智能与基因编辑结合。随着基因编辑技术的成熟，人工智能将进一步与基因治疗结合，为罕见病和遗传病的治疗带来新的突破。

人工智能正在彻底改变医疗保健行业的方方面面。无论是疾病的早期检测、个性化治疗的实现，还是药物研发的加速，人工智能都展示出巨大的潜力。随着技术的进步，人工智能将在医疗领域发挥更为深远的影响，推动人类健康迈入新的时代。

（五）人工智能推动传统农业向现代农业转型

随着全球科技的快速发展和农业现代化进程的加速，人工智能在农业领域的应用正逐步扩展和深入。人工智能不仅为农业生产带来了技术革新，也提升了农业的生产效率、资源利用率和土地产出率。人工智能技术能够增强农业抗风险能力，保障粮食和生态安全，并为实现农业的可持续发展作出巨大贡献。

1. 人工智能驱动的精准农业

精准农业是人工智能在农业中的重要应用之一，其核心是通过传感器、无人机、卫星等设备实时采集农田的土壤、水分、气候等数据，利用人工智能算法分析和处理这些数据，从而实现对作物生长状况的精确监控和管理。人工智能可以通过分析历史数据和实时信息，预测最佳的播种、灌溉、施肥和收获时间，帮助农民合理规划农业活动，减少资源浪费。通过人工智能的应用，农民可以根据实际情况调整农业投入，实现精准管理。这不仅可以提高作物的产量，还可以减少化肥和农药的过度使用，降低农业生产对环境的影响。

2. 自动化机械设备与智能农机

随着人工智能技术的发展，智能化农业机械设备已成为农业自动化的重要组成部分。自动驾驶拖拉机、无人机喷洒系统、智能收割机等设备已经开始在全球范围内应用。人工智能赋能的农业机器人不仅可以在大规模农田中进行高效作业，还能够处理精细的农业任务，例如作物的种植、喷药、除草和采摘。中国的智能农机在未来的智慧农业中将占据举足轻重的地位，自动驾驶农机将成为智慧农业的重要组成部分。

3. 畜牧业的智能化管理

在畜牧业中，人工智能通过智能监控和数据分析实现更高效的饲养管理。传感器和摄像头安装在牧场中，可以实时监控牲畜的健康状况、活动水平和饲料摄入量。人工智能系统可以通过分析这些数据，及时发现潜在的健康问题，帮助牧场主快速做出响应，防止疾病扩散，减少损失。人工智能还可以优化饲料配比，保证牲畜摄入的营养平衡，进一步提高畜牧业的经济效益。

人工智能在畜牧业中的另一个重要应用是对生产过程的预测和优化。例如，通过对历史数据的分析，人工智能可以预测家畜的产量、健康状况和市场需求。这使得牧场主能够更加科学地规划生产，并在市场波动时及时调整生产策略。通过人工智能技术的应用，畜牧业的生产风险得以降低，生产效率也大大提升。

4. 人工智能在病虫害监测和控制中的应用

病虫害是农业生产中的一大挑战。传统的广泛喷洒农药方式容易导致药物浪费和环境污染。人工智能技术通过图像识别和机器学习等手段，能实时监测和预测作物病虫害，帮助农民实施精准防控，有效减少农药使用。结合自动化技术，人工智能可以实现病虫害防治的全自动化。智能无人机配备精确喷洒系统，利用人工智能算法确定喷洒的具体位置和剂量，从而精准控制农药使用，提高作业效率，同时降低对环境的影响。

5. 人工智能与农业可持续发展的关系

人工智能技术不仅为农业带来了生产效率的提升，还在农业可持续发展中扮演着重要角色。通过人工智能技术，农民能够更加精准地使用资源，有效减少水、化肥和农药的浪费，从而减少农业生产对环境的负面影响。同时，人工智能还能够帮助农民应对气候变化带来的不确定性，增强农业的抗风险能力。智慧农业的数字化、网络化和智能化改造，将为农业节约生产成本，优化资源配置，提升农业的可持续性。通过加快智慧农业的发展，不仅能够提高农业的生产效率，还能为我国的乡村振兴战略和农业现代化提供有力支持。

人工智能在农业中的应用，不仅可以推动农业生产效率的提升，还为实现可持续发展、应对气候变化和保障粮食安全提供新的解决方案。从精准农业到自动化机械，从病虫害监测到供应链管理，人工智能技术正在彻底改变农业的面貌。随着政策的支持和技术的不断进步，人工智能在农业中的应用将更加广泛，为全球农业的可持续发展带来巨大的机遇。

（六）人工智能在其他经济领域的应用

人工智能在经济领域的应用，已成为推动现代经济转型升级的重要引擎。除了传统的制造、金融、医疗等领域，人工智能还在其他领域展现出广阔的前景，推动行业数字化转型和创新发展。通过深度学习、自然语言处理、计算机视觉等技术，人工智能不断提升行业效率和服务水平，催生出新的商业模式，带来经济发展的全新机遇。

1. 零售与电子商务的智能化转型

在零售与电子商务领域，个性化推荐系统是人工智能技术的核心应用之一。通过深度学习算法，电商平台能够分析用户的浏览历史、购买行为及偏好数据，甚至包括搜索关键词、点赞和评论等行为，进而实现商品的个性化推荐。例如，一些电商平台通过个性化推荐算法，帮助用户找到最适合的商品。这种智能推荐不仅能够提升用户购物体验，同时也可以提高销售转化率。

人工智能技术在动态定价中的应用亦具有重要价值。动态定价是指根据市场需求、库存情况和竞争对手的定价策略，实时调整商品价格。通过人工智能，平台能够依据历史数据和市场变化调整价格，优化销售利润。比如，在旅游、航空和酒店等行业，动态定价系统通过对供需波动的预测，优化价格策略以提高收益。这种灵活的价格调整方式帮助企业在不同时段达到利润最大化。

2. 物流与供应链管理的智能应用

物流行业中，人工智能在路径优化和自动化配送方面的应用颇为显著。路径优化算法基于实时交通信息、天气状况和物流网络数据，为配送车辆规划最优路线，减少运输时间与燃料消耗。这种智能路径规划不仅提升物流效率，还降低运营成本。自动化配送技术也正在改变传统物流模式。无人驾驶车辆、无人机配送等技术逐渐普及。通过人工智能算法，无人驾驶车辆可以自主选择最佳配送路线并根据交通状况调整策略，确保货物高效、准确送达。

在仓储管理中，人工智能技术正全面革新传统模式。智能仓储系统通过机器学习算法，能够实现对库存的自动化管理和优化调配。通过对市场需求和销售预测进行分析，系统能够自动备货并根据实时订单调整库存管理，节省仓储空间和运营成本。例如，智能仓储中心将自动化设备与人工智能技术结合，大幅提升了库存管理效率。

供应链的协同优化是通过人工智能技术实现的跨企业高效协同。现代供应链复杂性增加，单一企业的计划与决策难以适应多变的市场环境，因此跨企业协同显得尤为重要。人工智能通过整合供应链中的各方数据，能够实现精确的协同调度。当生产商遇到原材料短缺时，系统可以自动联系备选供应商并调整订单，确保生产持续进行。在供应链金融领域中，人工智能也展现出巨大潜力。金融机构通过对企业运营数据和资金流的分析，利用人工智能技术更精确地评估企业信用风险，提供灵活的融资服务。

二、社会治理中人工智能技术的应用

随着技术的不断进步，人工智能正在为社会治理提供新的解决方案。通过智能系统的应用，政府和公共服务机构能够更加高效地管理资源，优化公共服务，提升社会管理水平。本部分将探讨人工智能在智慧城市、智能交通、公共服务等社会治理领域的应用。

（一）智慧城市中的人工智能

智慧城市是指通过信息通信技术（ICT）和物联网技术（IoT），将城市的各个系统和服务连接在一起，实现城市的智能化管理。人工智能是智慧城市的重要技术支撑，帮助城市在多个方面实现高效、智能的管理。

1. 智能基础设施管理

在智慧城市中，人工智能被广泛应用于基础设施的管理和维护。例如，通过传感器和人工智能系统，城市可以实时监控桥梁、道路、供水系统等基础设施的状态，预测和防范潜在的故障和事故。人工智能还能通过分析历史数据和实时信息，优化公共设施的使用和维护计划，减少资源浪费和维护成本。

2. 智能能源管理

人工智能在能源管理中发挥着重要作用，特别是在智慧电网和智能建筑管理中。通过智能电表和传感器，人工智能系统可以实时监控和分析能源使用情况，优化电力分配，减少能源浪费。同时，人工智能还能帮助预测能源需求，调整发电和输电策略，确保能源供应的稳定性和可持续性。

3. 城市安全与应急管理

人工智能技术在城市安全和应急管理中也具有广泛应用。例如，通过视频监控和计算机视觉技术，城市安全系统可以实时监控公共场所，识别潜在的安全威胁，如异常行为、非法活动等。一旦发生紧急情况，人工智能系统可以快速分析并提供应急响应建议，协助调度资源，减轻灾害或事故的影响。

（二）智能交通中的人工智能

交通管理是社会治理中的一个重要领域，人工智能在智能交通中的应用正在改变传统的交通管理方式，提升交通效率，减少事故发生率。

1. 交通流量管理与优化

通过人工智能技术，交通管理部门可以实时监控交通流量，分析道路拥堵情况，并根据交通模型预测未来的交通趋势。智能交通系统可以自动调整信号灯的时间，优化交通流量，减少拥堵。某些城市已经开始试点基于人工智能的动态交通管理系统，这些系统通过实时数据分析可以显著减少城市交通的拥堵和污染。

2. 自动驾驶与智能车联网

自动驾驶技术是人工智能在交通领域的重大创新。通过传感器、计算机视觉和深度学习等技术，自动驾驶车辆能够感知周围环境，作出驾驶决策，逐步实现无人驾驶。智能车联网系统通过人工智能技术，将车辆与交通基础设施、其他车辆甚至行人设备连接在一起，形成一个协同的智能交通网络，提高交通安全性和效率。

3. 公共交通优化

人工智能还可以帮助优化公共交通系统的运营。通过分析乘客的出行数据，人工智能可以预测高峰期的乘客流量，优化公交和地铁的调度和路线规划，提高公共交通的服务水平。同时，智能公交系统能够实时调整运营方案，应对突发状况，如临时道路封闭或大规模集会，确保公共交通的畅通运行。

（三）公共服务中的人工智能

公共服务领域是社会治理的重要组成部分，人工智能的应用为提高公共服务的效率和质量提供了新的途径。

1. 智能医疗与公共健康

人工智能在公共健康领域的应用正在逐步深化。通过分析大规模健康数据，人工智能能够提前预测和发现传染病暴发的迹象，帮助政府和卫生部门作出及时的防控决策。在智能医疗方面，人工智能可以辅助医生进行诊断和治疗，提升医疗服务的质量和效率。此外，智能健康管理系统能够帮助居民监控自身健康状况，提供个性化的健康建议和预警服务。

2. 教育与智能学习系统

人工智能在教育领域的应用，主要集中在智能学习系统和个性化教学方面。智能学习系统能够根据学生的学习进度和特点，自动调整教学内容和节奏，提供个性化的学习体验。人工智能还可以分析学生的学习数据，识别学习困难和知识盲点，帮助教师制订更加有效的教学计划，提高教学效果。

3. 智慧政务与公共管理

在政务管理中，人工智能技术通过自动化和智能化系统，帮助政府部门提高办事效率，改善公共服务质量。例如，智能客服系统能够为公众提供24小时在线服务，解答政策咨询、办理业务查询等。政务大数据平台通过人工智能分析，帮助政府部门进行政策效果评估、资源配置优化、决策支持等，提升公共管理的科学性和有效性。

（四）人工智能在社会治理中的挑战与前景

虽然人工智能在社会治理中的应用前景广阔，但也面临诸多挑战。技术的快速发展需要与法律、伦理和社会制度的进步相协调，才能真正发挥其潜力。

1. 隐私与数据安全

社会治理中的人工智能应用大量依赖数据，这些数据通常涉及个人隐私和敏感信息。如何在使用数据的同时保护个人隐私，是一个亟待解决的问题。政府和企业需要制定严格的数据保护政策，确保数据的安全性和合法性。

2. 算法透明性与信任问题

社会治理领域的决策往往关系重大，人工智能系统的决策过程是否透明、结果是否公平直接影响公众的信任度。因此，推动算法透明性和可解释性，确保人工智能系统在社会治理中的公平性和合理性，是未来发展的关键。

3. 技术与社会的协同发展

人工智能技术的应用必须与社会制度、文化和法律规范相协调。技术的发展不能脱离社会现实，必须考虑到社会的多样性和复杂性。政府在推动人工智能技术应用的同时，应加强法律法规的制定和伦理规范的引导，确保技术发展与社会进步同步。

人工智能在社会治理中的应用已经展现出巨大的潜力。它不仅能够提高城市管理、交通运营和公共服务的效率，还能为应对复杂社会问题提供新的思路和工具。然而，如何平衡技术应用与社会伦理、法律的关系，将是未来社会治理中必须面对的重要课题。

三、教育变革与人工智能

随着人工智能在教育领域的应用程度日渐加深，信息技术和教育融合创新发展获得了强大推力。实施人工智能赋能行动，促进智能技术与教育教学、科学研究、社会的深度融合，为学习型社会、智能教育和数字技术发展提供了有效的行动支撑。本部分将讨论人工智能在教育数字化转型、红色基因传承、意识形态安全和思政教育一体化建设等教育变革领域的应用。

（一）教育数字化

数字经济和数字社会的发展，推动教育培养目标和内容的发展与变革。推进教育数字化是新时代加快建设教育强国的总体方向和重点任务之一。教育数字化是主动适应新一轮科技革命和产业变革的必然选择，是促进更高质量教育公平的必然要求，是教育普及化阶段的必然趋势，是推动教育创新发展的必由之路。

以习近平同志为核心的党中央高度重视教育数字化建

设。党的二十大报告首次提出"推进教育数字化，建设全民终身学习的学习型社会、学习型大国"。2023 年，习近平总书记在中共中央政治局第五次集体学习时强调："教育数字化是我国开辟教育发展新赛道和塑造教育发展新优势的重要突破口。"习近平总书记的一系列重要讲话和指示精神为教育数字化发展提供了根本遵循，指明了未来发展的方向。

1. 基础教育转型

基础教育目标是为学生提供必要的知识、技能以及社会行为规范，其内涵不限于学术知识的学习，还包括道德教育、身心健康教育、审美教育等多个方面，旨在促进学生的全面发展。人工智能赋能基础教育高质量发展，将在教育资源分配、教育管理模式等方面拉近城乡、区域间教育差距。智能化教学环境建设在提高教育质量的同时促进教育公平，为每一位学生提供了更加优质的学习体验，助力构建更加美好的教育未来。

教育资源分配。利用人工智能技术分析现有教育资源数据，预测不同地区、学校的具体需求做好资源准备。通过分析识别资源过剩或不足的情况，为教育部门决策资源配置提供强有力的支撑。

智能辅导。通过现有成熟的人工智能模型技术和线上教育平台解答学生的学习疑问，帮助学生查漏补缺。通过在线批改作业等方式，减轻教师工作压力，为学生提供更丰富的解题方式，促进学生思维和创新能力的提高。

个性化学习。在基础教育阶段，通过人工智能实现个性化学习，能够有效满足学生个体差异，提升学习效率和动力；支持差异化教学，确保每个学生都能取得最佳学习效果。人工智能的应用便于监测学生的学习情况，及时提供针对性的辅导和支持，有助于激发学生的学习兴趣，增强自主学习能力，为学生的长远发展奠定坚实基础。

在基础教育领域，人工智能通过智慧教育平台和智能化教学工具，使得个性化学习成为可能。教师能够利用人工智能技术对学生的学习数据进行分析，提供针对性的教学指导。这不仅提高了教学效率，也推动了因材施教理念的普及。智慧教育平台进一步实现了优质教育资源的共享，尤其是在偏远地区，学生能够跨越地理限制，享受与城市学生同等的教学资源。通过人工智能的支持，基础教育的公平性和资源分配能够得到极大的改善。

2. 高等教育变革创新

加快人工智能在高等教育领域的创新应用，支撑人才培养模式的创新、教学方法的改革、教育治理能力的提升，构建智能化、网络化、个性化、终身化的教育体系，是推进教育均衡发展、促进教育公平、提高教育质量的重要手段。2024 年，教育部发布 4 项行动助推人工智能赋能教育，为学习型社会、智能教育和数字技术发展提供有效的行动支撑。

高素质人才培养。人工智能技术为高校提供个性化教学模式，使学生可以根据自身需求调整学习进度。通过智能化学习平台，学生能够灵活获取专业知识，掌握最新专业技能，便于应对快速变化的社会环境；促进提高学生的创新思维和自主学习能力，满足数字经济时代对高素质复合型人才的需求。未来，人工智能在人才培养中的重要性将继续上升，推动教育从单一的知识传授向多维度能力培养转变。

学科建设与创新。人工智能为高校传统学科的教学与科研注入新的活力，推动了跨学科融合与新兴学科的崛起，为学科创新提供了强大的技术支持。无论是在工科、理科，还是在人文、社会科学领域，人工智能都为学科的教学与科研带来全新的工具和方法。通过智能化手段，高校能够优化学科体系结构、提升教学质量，推动学科的持续创新与发展，从而更好应对未来社会和科技发展的需求。

数字校园建设。《高等学校数字校园建设规范（试行）》明确了高等学校数字校园建设的总体要求。人工智能驱动高校智能管理系统，能够有效整合教务、后勤、安全等各类管理任务，实现数据的实时监控与分析，提高资源分配和校园管理的效率，为师生提供更加优质的教育与生活环境，进一步推动教学和科研的创新。

人工智能在高等教育中的应用促进了创新与效率的提升。人工智能技术能够帮助高校优化教学内容，并通过智能化科研辅助工具支持前沿学术研究。例如，在高等教育中，人工智能能够帮助教师自动化课程设计、分析教学效果，并对学生的学习路径进行个性化定制，从而促进人才的全面发展。此外，人工智能进一步推动了高等教育与产业需求的对接。例如，在集成电路、人工智能、生命科学等战略性新兴领域，人工智能加速了相关专业学科的建设，推动高校与产业深度融合，培养高素质人才。

3. 教育新生态

培养什么人，如何培养人，为谁培养人，始终是教育的根本问题。习近平总书记强调，要在全社会树立科学的人才观、成才观、教育观，加快扭转教育功利化倾向，形成健康的教育环境和生态。教育部开展基础教育规范管理年行动是加快构建良好教育生态，办好人民满意的教育，促进青少年健康成长和全面发展的战略举措。

优化各层次人才培养结构。从基础教育到高等教育，优化人才培养结构是构建教育新生态的核心任务之一。在基础教育阶段，人工智能可以通过个性化学习路径，发现学生的特长与兴趣，帮助教师更好地指导学生的发展方向，奠定学生未来发展基础。在高等教育阶段则通过人工智能辅助，根据不同学科、产业需求设立具有针对性的课程，提供与实际需求匹配的人才培养计划。通过两者结合，优化教育系统各层次的培养结构，在学生教育的每个阶段不断实现知识积累与能力提升，培养创新型、实践型人才。

优质教育均衡发展。人工智能的应用极大地促进了优质教育资源的共享，推动了教育均衡发展。在基础教育阶段，通过智慧教育平台的广泛使用，城乡和区域之间的教育差距逐渐缩小。偏远地区的学生也能通过智能化教学工具获得与发达地区学生同等的教育资源。在高等教育中，人工智能进一步推动优质教育资源的跨校、跨区域流动。无论是在教师的资源分配，还是课程内容的推广上，人工智能都在不断推动优质教育资源共享的进程。

产教融合、科教融汇。产教融合是推动高等教育与产业深度合作、提升人才培养质量的重要方式。通过人工智能技术，产教融合可以更高效地实现高校与企业的对接。通过校企合作确保培养出来的学生具备产业所需的技术和实践能力。人工智能促进高校搭建校企之间的数据共享平台，使企业的实践经验和需求能够直接反馈到高校的人才培养体系中，促进人才与产业直接对接，培养出具备高技能、实践导向的创新型人才。科教融汇是推动科学研究与教学相结合，培养高层次创新人才的关键途径。通过人工智能的应用，高校可以将前沿科研成果进一步转化，使学生在学习过程中接触到最新的研究动态，从而提升学生的研究能力与创新意识。通过高校与科研机构或企业之间的合作，将技术创新与学术研究紧密结合，促成研究成果的落地转化。

推动优化各层次人才培养结构，促进优质教育的均衡发展，并深化产教融合与科教融汇，是构建智能化教育新生态的关键。通过人工智能技术的赋能，教育将变得更加开放、公平和个性化，帮助学生在各阶段实现全面发展。与此同时，高校与产业、科研机构的合作将进一步加强，确保人才培养与社会需求精准对接，为培养具备创新思维、实践能力及全球竞争力的高素质人才提供有力支持，推动国家教育现代化进程。

（二）红色基因传承与意识形态安全

在全球化和信息化背景下，尤其是人工智能的迅速发展，红色基因的传承需要与现代技术结合。人工智能技术可通过数据分析和虚拟现实等手段实现红色文化资源数字化，使其更广泛传播，更能触及年轻一代。这不仅是红色基因传承的一部分，也是意识形态安全的关键。

1. 红色基因传承

红色基因是中华民族的精神纽带，也是培育堪当民族复兴大任时代新人的动力源泉。党的十八大以来，习近平总书记高度重视红色基因的传承，多次发表重要讲话、作出重要指示，把弘扬红色文化摆在更加突出的位置，对用好红色资源、传承红色基因、赓续红色血脉念兹在兹。习近平总书记指出，"要把红色资源利用好，把红色传统发扬好，把红色基因传承好"。在新时代背景下，红色基因的传承需要与现代技术相结合，尤其是在人工智能迅速发展的今天，如何将红色基因融入人工智能的发展与应用，成为新时代面临的重要课题。

红色基因与人工智能的价值融合。在人工智能的快速发展中，融入红色基因的价值导向至关重要。这意味着要在技术发展中体现社会责任感和奉献精神，确保技术服务于国家和人民的根本利益，将红色基因精神内核融入人工智能，能够确保科技发展的正确价值导向。人工智能的应用应当始终以促进社会进步、缩小社会不公平、提升人民福祉为目标，通过提供智能化解决方案，让更多的人享受到优质资源，实现更公平的发展机会。只有坚持把社会责任、国家利益和人民福祉融入技术创新的每一步，才能真正实现技术进步与社会进步的和谐统一。

人工智能赋能红色文化传播。随着信息技术的快速发展，人工智能在红色文化的传播中也可以发挥重要作用。通过人工智能技术对红色文化资源进行数字化、智能化处理，可以极大地提升红色文化的传播效率和覆盖面。革命纪念馆、红色遗址等资源可以通过数字化技术实现在线展示，让红色故事以更加生动、现代的方式展现出来，有效增加受众的参与度，让更多的人能够通过互联网接触到这些珍贵的红色资源。同时，人工智能能够实现红色文化内容的自动翻译和跨语言传播，促进红色文化在全球范围内的影响力。这不仅打破了时间和空间的限制，也使得红色文化的传播更加生动鲜活。

人工智能促进红色资源保护。通过人工智能大数据分析，对各地的红色文献、图片、纪录片、声音等进行数据收集、挖掘、梳理与整合，并利用相关技术形成红色资源大数据库，进行数字化留存，提高红色资源的可视化管理水平，为红色资源的修复、研究与展示提供了坚实的基础。推动红色资源协调性保护，特别是在资源分布与社会需求间的不均衡现象中发挥关键作用。通过训练大模型使其能够自动分析红色资源的历史背景和文化价值，推动更全面的保护工作，使得各类红色资源在全国范围内都能得到更加协调和系统的保护。

人工智能的加持使得红色资源的保护不再局限于物理空间，而是能够通过数字平台广泛传播。国内外的观众都可以通过虚拟导览、智能讲解等方式了解红色文化。这不仅有助于激发公众对红色资源的兴趣，还让红色文化的精神力量更深入地融入现代社会，推动其传承与创新。

2. 意识形态安全

习近平总书记强调，意识形态工作是党的一项极端重要的工作，能否做好意识形态工作，事关党的前途命运，事关国家长治久安，事关民族凝聚力和向心力。党的十八大以来，以习近平同志为核心的党中央加强对意识形态工作的集中统一领导，正本清源、守正创新，推动意识形态领域形势发生全局性、根本性转变。

随着互联网的广泛应用，学生接触到的多元化信息日益增多，学校需要加强对网络信息的监管和引导，培养学生的网络安全意识与信息辨别能力。要引导学生合理使用网络，抵制不良信息，防范外部意识形态渗透对青少年思想的负面影响，确保学生在网络舆论环境中的意识形态安全。

落实学校意识形态工作责任制，加强对青年学生、知识分子的政治引领。中小学承担着为党育人、为国育材的特殊使命，学校应当牢牢坚持以社会主义核心价值观为引领，通过课程内容、课外活动等多方面引导学生树立正确的思想意识，厚植爱国主义情怀。要把思想政治教育贯穿于各个学科教学中，形成全方位的德育体系，避免空洞说教，采用生动、贴近生活的方式进行教育。高校宣传思想阵地是传播党的声音、弘扬先进文化、培养中国特色社会主义事业建设者和接班人的重要平台。面对复杂的内外环境和意识形态领域的严峻挑战，我们必须增强阵地意识，切实按照中央的要求，扎实抓好高校宣传思想阵地的管理。

在新时代，利用人工智能加强网络信息的监管与引导，不仅能够有效抵御外部不良意识形态的渗透，还能够积极塑造健康向上的网络文化环境，培养青少年的网络安全意识和信息辨别能力。通过在学校教育中深入贯彻社会主义核心价值观，结合生动活泼的教学方式，可以更好地引导青年学生形成正确的世界观、人生观和价值观，增强他们的爱国情感和社会责任感。高校作为培养中国特色社会主义事业建设者和接班人的前沿阵地，更应强化自身的责任意识，创新思想政治教育的方法手段，确保党的声音和先进文化得到广泛传播，为实现中华民族伟大复兴的中国梦贡献力量。

因此，人工智能研发者和企业需要具有高度的社会责任感，在技术研发和推广中注重伦理与道德的考量，避免技术滥用带来的潜在风险。技术的应用要始终坚持公平公正，避免因算法偏见、数据垄断等问题加剧社会不公，真正做到技术造福全社会。人工智能的发展是国家战略中的重要一环，有助于推动实现国家科技强国目标。将红色基因与主流意识形态融入其中，要求技术创新必须为国家核心利益服务，助力国家的长远发展。无论是在教育、工业智能化、国防安全，还是在经济转型中，人工智能技术都应为国家的自主创新能力建设、国家安全保障和经济高质量发展提供强大支持。

（三）思政教育一体化建设

思想政治教育（简称"思政教育"）在大中小学中的重要性日益提升。习近平总书记强调，思政课是落实立德树人根本任务的关键课程。在当今科技迅猛发展的背景下，人工智能作为新兴技术，将为思政教育一体化建设提供新的发展动能，开创新时代思政教育新局面。

1. 全学段思政教育

人工智能能够针对大中小学不同学段的学生，根据其年龄特点和认知水平提供合适的教育内容。例如，中小学生的思政教育可以侧重情感启蒙，采用图文并茂的方式；而大学生则可以进行理论深度分析，强化其思政认知。这种个性化路径设计有助于全学段思政教育的科学化、一体化发展。

2. 课程教材体系建设

课程教材体系是思政教育一体化建设的基础。习近平总书记强调要"构建以新时代中国特色社会主义思想为核心内容的课程教材体系"。人工智能技术能够有效推动课程教材的设计、优化和更新。通过对大量的思政教育文献进行自动化分析与处理，从中提取出核心思想并生成教学内容。这一过程可以帮助教师快速搭建课程框架，设计出更加符合学生认知水平的教材内容。同时，人工智能还能对现有的课程内容进行分析，找出逻辑不严密、内容重复等问题，进一步优化课程设计。

3. 数字化知识图谱构建

通过构建知识图谱，人工智能可以将思政课程内容以可视化的方式呈现出来，直观展示各个理论点之间的联系，教师可以轻松地展示习近平新时代中国特色社会主义思想的核心要义，从而帮助学生更好地理解这一重要思想的逻辑体系与思想脉络，更好地理解并掌握课程内容。这种可视化的工具不仅提升了学习体验，还能够增强思政课程内容的系统性和可操作性，激发学生的自主学习兴趣。

4. 全员、全过程、全方位的育人体系构建

思政教育一体化建设的目标是实现全员、全过程、全方位的育人效果。通过人工智能推动各类教育资源、管理手段和评价机制的有机整合，打造全面育人体系，以便于思政教育一体化建设中的各个环节更加顺畅地衔接，确保学生的思想政治素养在整个学习过程中得到全面培养。

思想政治教育一体化建设是贯彻落实党的教育方针的核心内容，旨在通过大中小学全程、全员、全方位的教育培养时代新人。人工智能作为现代科技的代表性技术，能够通

过其独特的计算能力和数据处理能力，在思政教育的内容呈现、教学管理、效果评价等方面发挥关键作用。人工智能技术的应用，不仅为思政教育的内容设计、教材建设、教学方法创新提供了强有力的支持，也促进了思政教育向更加个性化、科学化、系统化的方向发展。通过构建全学段覆盖、全员参与、全过程贯穿、全方位育人的教育体系，思政教育能够更好地适应时代需求，培养出具有坚定理想信念、高尚道德情操和强烈社会责任感的新时代青年。这不仅是对党的教育方针的有效落实，也是推动社会进步与国家发展的坚实基础。

四、人工智能与国家安全

随着人工智能技术的不断发展，其在国家安全领域的应用越来越受到重视。人工智能不仅能够提升国家的防御能力，还在网络安全、军事安全、政治安全、文化安全、经济金融安全、粮食安全、生态安全、国土安全、科技安全、深海安全、航空航天安全、核安全和全球竞争中扮演着重要角色。本部分将探讨人工智能在这些关键领域的应用及其带来的挑战。

（一）网络安全中的人工智能

网络安全已经成为国家安全的重要组成部分。随着网络攻击手段的不断升级，传统的安全防护措施往往难以应对新型威胁。人工智能在网络安全中发挥着越来越重要的作用，特别是在检测、预防和响应网络威胁方面。

1. 威胁检测与预测

人工智能通过机器学习算法，可以实时分析海量网络流量数据，识别异常行为并预测潜在的网络攻击。例如，基于人工智能的入侵检测系统（IDS）能够在攻击发生之前发现异常流量并发出预警。通过持续学习和更新，这些系统可以应对不断变化的威胁，提升整体网络防御能力。

2. 自动化响应与修复

在网络攻击发生时，人工智能系统可以自动化地做出响应，减少人力介入的延迟。例如，人工智能可以自动隔离受感染的网络节点，防止攻击扩散并启动修复程序，恢复系统正常运行。此外，人工智能还可以帮助制定响应策略，优化应急处理流程，缩短响应时间。

3. 欺诈检测与身份验证

在金融、政府机构和其他关键领域，人工智能用于检测和防止身份欺诈行为。通过分析用户行为模式，人工智能系统可以识别异常行为，如账户的非法访问或资金的异常转移，从而防止欺诈行为的发生。此外，人工智能在身份验证中的应用，如基于生物特征的多因素认证系统，也有效提升了系统的安全性。

（二）军事领域中的人工智能

人工智能技术的进步正在改变军事领域的作战方式和防御策略。智能化军事装备、无人系统以及自主决策技术的应用，显著提高了军队的作战效能。

1. 无人作战系统

无人机、无人战车和自主潜艇等无人作战系统，是人工智能在军事领域的典型应用。这些系统通过人工智能技术，能够在复杂环境中自主执行任务，如情报收集、侦察监视、攻击目标等。例如，现代无人机可以利用计算机视觉技术进行目标识别并自主决定攻击时机，大大提升了战场上的反应速度和打击精度。

2. 智能化指挥与控制

人工智能在军事指挥与控制系统中应用广泛，通过大数据分析、模式识别和决策支持，人工智能系统可以辅助指挥官作出快速准确的决策。在战场上，人工智能可以实时分析多源情报，评估威胁，优化作战方案。此外，人工智能还能够自动协调各类作战平台，实现多兵种、多系统之间的高效协同作战。

3. 网络战与信息战

随着信息化战争的兴起，网络战和信息战成为国家间博弈的重要手段。人工智能在这两个领域中起到了重要作用。例如，人工智能可以自动化地生成虚假信息、操控社交媒体，干扰对手的信息获取和舆论导向。在网络战中，人工智能能够快速检测和响应网络攻击，实施反制措施，如自动化的黑客反击系统。

全球人工智能技术的迅猛发展给我国带来一系列的安全风险。一是数据窃取风险。人工智能需要海量的数据来进行学习和训练，这些数据中可能包含用户大量敏感信息。如果这些信息被滥用或泄露，可能会对个人隐私、国家安全造成严重危害。二是网络攻击风险。人工智能可以成为破坏网络安全和管理的"帮凶"。在人工智能的协助下，网络攻击者可以随时随地对特定目标轻易发起针对性和隐蔽性很强的进攻，将互联网空间变成人人自危的"黑暗森林"。三是经济金融、政治、社会安全风险。人工智能技术在一定程度上会成为人力工作的"高效替代品",进而对国家经济安全、社会安全甚至政治安全造成冲击;人工智能技术也可以被用来实施经济破坏活动,例如通过操纵宣传导致金融市场恐慌。四是军事安全风险。一方面,人工智能可被用在致命性自主武器(LAW)上,通过自主识别攻击目标、远程自动化操作等,隐藏攻击者来源,建立对抗优势;另一方面,人工智能可以将网络、决策者和操作者相连接,让军事行动针对性更强、目标更明确、打击范围更广。

2023年10月18日,中央网信办发布《全球人工智能治理倡议》。《倡议》围绕人工智能发展、安全和治理三个方面系统阐述了人工智能治理的中国方案。我们要保持战略定力,增强战略信心,统筹人工智能发展与安全,稳妥应对各种风险挑战,为人工智能注入更多"安全基因"。人工智能正改变着人类的生产生活方式,在赋能经济社会发展的同时也引发了多方面的风险,包括人工智能引发的国家竞争力风险、技术安全风险、网络安全风险、经济社会风险和意识形态风险等。我国应坚持包容审慎的监管方式,强化国家安全意识,在加强顶层设计、大力推进人工智能发展的同时,建立并逐步完善人工智能风险国家治理体系,促进我国人工智能健康有序安全发展,提高我国在人工智能领域的国际竞争力。

（三）人工智能与全球竞争

人工智能已经成为全球大国竞争的关键领域，各国都在加紧发展人工智能技术，以提升自身的战略优势。人工智能不仅关乎国家的经济竞争力，更直接影响到国家的安全与国际地位。

1. 人工智能的军备竞赛

各国在人工智能军事应用上的投入不断增加，人工智能已成为新型军备竞赛的重要组成部分。世界主要国家都在加紧开发人工智能驱动的军事技术，以期在未来战争中占据优势。然而，这种军备竞赛也引发了国际社会对战争风险升级和人工智能武器失控的担忧。为此，国际社会正在探讨制定人工智能武器的使用规范，以防止技术滥用。

2. 人工智能与国家战略

人工智能不仅是技术竞争的前沿领域，也是国家战略的重要组成部分。各国政府都在制定和实施人工智能发展战略，以巩固和提升在全球科技竞争中的地位。例如，我国发布了《新一代人工智能发展规划》，美国则通过多个政策文件推动人工智能的发展。人工智能的发展将直接影响国家的经济实力、军事能力和全球影响力。

3. 国际合作与冲突

虽然人工智能的发展带来了竞争，但也需要国际合作来应对共同的挑战。例如，在人工智能伦理、数据隐私和跨国治理等问题上，各国需要共同制定标准和规则，避免技术滥用和冲突升级。此外，人工智能技术的出口控制和技术保护也成为各国在国际合作中的博弈焦点。

（四）人工智能在国家安全中的挑战与对策

尽管人工智能在国家安全中的应用前景广阔，但也面临着一系列挑战。技术的不确定性、法律和伦理的约束以及国际社会的竞争与合作，都是国家在推进人工智能应用时必须考虑的因素。

1. 技术的安全性

人工智能系统的广泛应用可能会带来新的安全隐患，比如数据泄露、系统被恶意攻击等风险。为了确保技术的安全可靠，政府需加大对技术安全性的研发投入，建立健全人工智能安全防护体系，同时定期进行安全评估和应急演练，以防止潜在威胁对公共安全造成损害。

2. 技术的不确定性

人工智能技术的快速发展伴随着不确定性。新技术的应用可能带来意想不到的后果，如人工智能系统的失控、自主武器的误判等。为了应对这些不确定性，国家需要加强技术研究，制定应急预案并在实际部署前进行充分的测试和评估。

3. 法律与伦理的挑战

人工智能的军事应用和国家安全领域的应用涉及许多法律和伦理问题。例如，如何界定人工智能武器的使用权和责任，如何在战争中遵守国际人道法，都是亟待解决的问题。国家需要在发展人工智能的同时，推动相关法律法规的制定并与国际社会合作，制定符合伦理规范的使用标准。

4. 国际竞争与合作的平衡

人工智能在国家安全中的应用需要在国际竞争和合作之间找到平衡点。过度的军备竞赛可能导致全球安全局势的紧张，而缺乏合作的技术封锁则可能限制技术的创新和应用。国家在制定人工智能战略时，需要考虑国际形势，既要确保自身的技术领先，又要推动国际合作，维护全球和平与稳定。

通过以上内容的分析，可以看出，人工智能作为提高行政效率的重要工具，其在政府管理中的应用前景广泛。政府部门在推进人工智能技术落地的过程中，不仅要充分发挥其提升效率的潜力，还应高度重视技术安全、法律合规及国际合作等问题。在推动人工智能在国家安全领域的应用时，必须全面考虑技术的潜力与风险，制定科学的战略和政策，确保人工智能技术为国家安全服务，同时规避其带来的潜在威胁。推动全球治理，积极发挥多边机制作用，拓展"以人为本"和"智能向善"共识，建立具有广泛共识的治理框架和标准规范，这有助于各国在人工智能治理中加强信息交流和技术合作，共同做好风险防范。

第三章

人工智能的政策与伦理挑战

一、人工智能的政策制定

人工智能技术的迅猛发展，使其逐渐成为国家战略的重要组成部分。各国政府通过制定人工智能政策，推动技术创新，确保其应用符合社会发展和安全的需求。本部分将探讨全球人工智能政策的现状与趋势，重点分析中国人工智能战略的核心要素，以及如何设计和实施有效的人工智能治理框架。

（一）全球人工智能政策的现状与趋势

全球主要国家和地区都认识到人工智能的重要性，纷纷制定相应的政策和战略，以在这一领域保持竞争力。以下是一些主要国家的人工智能政策概览。

1. 美国

美国在人工智能领域一直保持领先地位，并通过多项政策确保其全球竞争力。2022 年 10 月，美国发布了《AI 权利法案蓝图》，这是一份关于人工智能使用伦理和人权的政策指南，旨在确保人工智能技术的发展符合人权和民主价值观。蓝图强调了透明性、公平性、隐私保护和可问责性等原则，以确保人工智能技术在各个领域的负责任应用。2023年，美国继续在人工智能的治理和监管方面推进立法工作，特别关注高风险人工智能系统的应用，要求技术公司对人工智能系统的安全性和公平性进行严格的自我审查和公开透明的合规性报告。这些政策体现了美国在人工智能治理和伦理方面的持续努力，旨在确保人工智能技术的安全和可靠应用。

2. 欧盟

欧盟在人工智能政策上尤为重视伦理和法律框架的建设。2021年，欧盟委员会提出了《人工智能法案》，这是全球首个系统性监管人工智能技术的立法提案。该法案基于风险分类的原则，将人工智能应用分为不可接受风险、高风险、有限风险和最小风险四个等级，并为每个等级的人工智能应用设定了相应的监管要求，旨在确保人工智能技术的透明性、安全性和可解释性。欧盟还推出了《数据法案》（*Data Act*）和《数字市场法案》（*Digital Markets Act*），旨在推动数据共享和促进人工智能技术的创新。这些法案的目标是创造一个公平、开放的数字市场环境，并促进跨国数据流动，支持人工智能和大数据的应用与发展。

（二）我国人工智能战略与政策

我国在人工智能领域的快速崛起引起了全球的广泛关注。2022 年，我国发布了《"十四五"国家信息化规划》，明确提出要加快人工智能基础研究与创新应用的步伐，推动人工智能在智能制造、智慧城市和智能医疗等领域的广泛应用。这一规划展示了我国对人工智能技术自主创新和应用扩展的高度重视。2023 年，我国推出了《生成式人工智能服务管理暂行办法》，这是全球首部针对生成式人工智能技术的法规。该法规规范了生成式人工智能的开发和应用，确保其符合社会主义核心价值观，并防止可能的伦理和安全风险。这一法规是我国加强人工智能技术监管的一部分，旨在确保人工智能技术的安全和负责任使用。此外，我国还发布了《新一代人工智能伦理规范》，强调人工智能技术的透明性、公平性、隐私保护和负责任的开发。该规范旨在应对人工智能技术带来的潜在社会问题，倡导负责任的人工智能开发和应用，确保技术的健康发展。我国的人工智能战略体现了国家在推动科技创新与社会治理中的积极作用。以下是我国人工智能政策的几个核心要素：

1. 战略目标

我国将人工智能战略目标明确定位为国家科技创新的重要支柱。按照《新一代人工智能发展规划》的部署，到2025年，人工智能基础理论实现重大突破，部分技术与应用达到世界领先水平，人工智能成为我国产业升级和经济转型的主要动力，智能社会建设取得积极进展；到2030年，人工智能理论、技术与应用总体达到世界领先水平，成为世界主要人工智能创新中心。

2. 研发与创新

我国在人工智能研发上投入了大量资源，支持高校、科研机构和企业开展基础研究和应用开发。一些科研机构和企业，如清华大学、北京大学、百度、阿里巴巴和腾讯等，已经在深度学习、自然语言处理、计算机视觉等领域取得了重要突破。政府还通过设立人工智能创新中心和实验室，推动技术转化与应用。

3. 产业应用与发展

我国的人工智能政策不仅关注技术研发，还强调技术的广泛应用。通过促进人工智能在制造、金融、医疗、教育等领域的应用，希望推动各行业的数字化转型。此外，还积极支持人工智能产业链的完善，推动芯片、传感器、算法等核心技术的发展，形成完整的产业生态。

4. 人才培养

人才是人工智能发展的关键资源。我国通过加强人工智能教育、支持高校开设人工智能相关课程、设立研究生培养基地、推动产学研结合，培养高素质的人工智能人才。此外，还通过吸引海外高端人才回国，壮大人工智能领域人才队伍。

（三）人工智能治理框架的设计与实施

随着人工智能技术的快速发展，如何设计和实施有效的治理框架，成为各国政策制定者面临的重要挑战。一个完善的人工智能治理框架，应该能够平衡技术创新与社会责任，确保技术的安全性、透明性和公平性。

1. 伦理与社会责任的纳入

人工智能的治理框架必须考虑到伦理和社会责任。在设计治理框架时，应确保人工智能技术的开发和应用符合社会的价值观，如公平、透明和尊重隐私等。例如，我国在《新一代人工智能发展规划》中明确提出了"确保人工智能发展符合伦理规范"的原则，并强调了人工智能在社会治理中的责任。

2. 风险管理与安全保障

人工智能技术的发展伴随着潜在的风险，如隐私侵犯、算法偏见、系统安全等。因此，治理框架应包括风险管理和安全保障措施。例如，建立风险评估机制，对高风险的人工智能应用进行严格的审查和监管，防止其对社会带来负面影响。我国在这方面也采取了措施，如在数据安全、信息保护和算法透明性方面设立了相关标准和指南。

3. 法律法规的完善

伴随技术的发展，法律体系也需要不断更新以适应新兴技术带来的挑战。我国在推动人工智能发展的同时，也在积极推进相关法律法规的制定。例如，我国的数据安全法和个人信息保护法都为人工智能应用中的数据保护提供了法律保障。此外，制定专门的人工智能法律法规以系统化地规范人工智能技术的开发和应用是世界的大势所趋。

4. 国际合作与标准制定

人工智能的发展具有全球性，任何单一国家都难以独立应对其带来的复杂挑战。因此，国际合作在人工智能治理中显得尤为重要。我国在制定人工智能政策时，积极参与国际合作，推动全球范围内的标准制定和技术交流。例如，在联合国和其他国际组织的框架下，我国致力于推动人工智能伦理标准的全球化，并在数据跨境流动、技术共享等方面寻求多边合作。

二、人工智能的伦理与社会责任

人工智能的快速发展为社会带来了诸多便利，但也引发了广泛的伦理和社会责任问题。这些问题涉及数据隐私、算法偏见、公平性、失业风险等多个方面，影响着社会的稳定与公正。本部分将探讨人工智能的主要伦理挑战并分析如何通过政策和技术手段应对这些挑战，确保人工智能的应用符合伦理规范和社会责任。2019 年，经济合作与发展组织与二十国集团先后推出了人工智能原则，但并不具有约束力。2021 年，联合国教科文组织发布《人工智能伦理问题建议书》，对人工智能涉及的伦理问题进行了深入探讨并提供了评估工具与政府行动建议，希望世界各国政府认真重视研究人工智能所带来的伦理问题并提出一系列有针对性、可行性的合理解决方案。2023 年，七国集团领导人发布《就广岛人工智能进程的联合声明》，并配套推出了指导原则与行为准则。2023 年 11 月，首届全球人工智能安全峰会上，中国、美国等 28 个国家和欧盟签署了《布莱切利 AI 宣言》，这也是全球第一份针对人工智能的国际性声明。

（一）数据隐私与个人信息保护

数据隐私是人工智能伦理中最受关注的议题之一。人工智能技术的进步依赖于大量数据的收集和分析，但这些数据往往包含了个人的敏感信息，如地理位置、健康记录、消费行为等。在人工智能系统中，如何使用和保护这些数据成为一个重要的伦理问题。

1. 隐私侵权与数据滥用

大数据时代，个人隐私面临着前所未有的威胁。人工智能系统在收集和处理数据时可能会侵犯个人隐私权，甚至导致数据滥用。例如，某些社交媒体平台通过人工智能技术分析用户的个人信息，进行精准广告推送，虽然提高了广告效率，但也引发了隐私侵权的争议。更为严重的是，一旦数据泄露，个人信息可能被不法分子利用，造成经济损失和社会危害。

2. 数据匿名化与安全存储

为了保护数据隐私，人工智能系统需要采用数据匿名化技术，即在数据处理过程中去除或加密识别信息，使数据无法直接关联到具体个人。同时，数据的存储和传输过程必须确保安全，防止数据被非法访问或篡改。政府和企业在开发和应用人工智能技术时必须遵守相关法律法规，采取必要的技术措施，保护个人数据的安全性和私密性。

3. 用户知情权与数据主权

用户应当拥有知情权，即在数据被收集和使用之前应该清楚地了解数据将如何被处理和应用。此外，用户还应当享有数据主权，有权决定自己的数据如何使用并有权在需要时撤回数据授权。这些原则应当被纳入人工智能系统的设计中，以增强用户对数据处理过程的信任感。

（二）算法偏见与公平性

人工智能系统的决策质量高度依赖于其训练数据和算法设计。然而，如果训练数据存在偏见或算法设计时未考虑公平性，可能导致系统做出不公正的决策，这种现象被称为算法偏见（Algorithmic Bias）。

1. 算法偏见的来源与影响

算法偏见通常源于训练数据中的历史偏见。例如，如果一个招聘系统的训练数据主要来自过去的招聘决策，而这些决策中可能存在性别、种族等方面的偏见，那么人工智能系统就可能延续或放大这些偏见导致不公平的招聘结果。在金融、医疗、司法等关键领域，算法偏见可能导致严重的社会不公和法律纠纷。

2. 公平性算法的开发

为了应对算法偏见，研究人员正在开发各种公平性算法。这些算法通过调整模型的训练过程，使其在输出结果时能够考虑公平性约束，减少或消除偏见。例如，一些算法通过平衡不同群体的错误率来确保系统对不同人群的公平对待。尽管这些技术在不断进步，但完全消除算法偏见仍然是一个具有挑战性的课题。

3. 算法透明性与责任追究

算法透明性指的是人工智能系统的决策过程应该是可解释和可追溯的。当人工智能系统作出错误决策时，用户和监管机构应该能够理解其背后的原因并明确责任归属。为了实现算法透明性，人工智能系统应当具备可解释性，即系统能够提供清晰的解释，说明其决策依据和过程。这不仅有助于增加系统的可信度，还能为算法的改进提供依据。

（三）社会影响与失业风险

人工智能技术的广泛应用对社会产生了深远的影响，特别是在就业、教育和社会稳定等方面。虽然人工智能带来了许多新的机会，但它也引发了对社会不平等和失业风险的担忧。

1. 自动化与就业市场的变化

人工智能和自动化技术的普及，使得许多传统工作岗位面临被替代的风险。例如，制造业、零售业和物流行业中的大量体力劳动岗位正在被自动化设备和人工智能系统取代。尽管人工智能创造了一些新的就业机会，但这些岗位通常需要更高的技能水平，而那些技能水平较低的工人可能难以适应这种转变，导致失业率上升。

2. 职业转型与技能提升

为了应对人工智能带来的就业挑战，社会需要积极推动职业转型和技能提升计划。政府、企业和教育机构应当合作，提供职业培训和再教育机会，帮助工人掌握新的技能，适应不断变化的就业市场。例如，许多国家的政府已经开始推广数字技能培训，帮助工人从传统行业转向数字经济领域，从而降低人工智能带来的失业风险。

3. 社会保障与政策支持

为了应对人工智能引发的社会不公平问题，政府需要加强社会保障体系的建设，提供必要的政策支持。例如，通过失业保险、再就业援助、基本收入等政策措施，政府可以缓解人工智能对劳动市场的冲击，确保社会的稳定与公平。此外，政府还应当鼓励企业承担社会责任，在推行自动化的同时，为受影响的员工提供转型支持。

（四）人工智能伦理规范的建立

建立人工智能伦理规范是各国应对人工智能技术迅速发展及其带来的伦理、社会和安全挑战的重要举措。近年来，美国、欧盟、中国和加拿大等国家和地区相继发布了一系列政策文件，旨在通过制度和法律框架来规范人工智能的开发和使用。这些文件不仅规定了人工智能技术的合规性要求，还强调了对公民权利和社会价值的保护。

1. 美国：《关于安全、可靠和可信的 AI 行政命令》

2023 年，美国政府发布了《关于安全、可靠和可信的 AI 行政命令》。该命令旨在确保人工智能技术的发展符合美国的核心价值观，包括安全性、公平性、透明度和问责性。文件提出了若干指导原则，要求联邦机构在开发和使用人工智能时遵循这些原则以防止人工智能技术被滥用。行政命令特别强调了人工智能系统的安全和可靠性，要求对所有使用人工智能的联邦机构进行风险评估，确保这些技术不会对国家安全、公共安全和公民隐私造成威胁。此外，该命令还要求联邦政府部门与私营部门合作，制定人工智能技术的伦理标准，促进创新的同时保护公民权利。这一政策的推出表明，美国正在通过系统化的政策框架来平衡人工智能技术的发展和其带来的潜在风险。

2. 欧盟:《人工智能法案》

欧盟在 2024 年通过了《人工智能法案》，这是全球首部综合性人工智能监管法规，旨在规范人工智能技术在欧盟的开发和应用。《人工智能法案》采用了基于风险的方法，将人工智能系统分为不可接受风险、高风险、有限风险和最小风险四类。对于被认为对公民构成明确威胁的人工智能应用，欧盟将其列为"不可接受风险"并予以全面禁止。对于高风险人工智能系统，例如交通、医疗、执法和司法等领域的应用，法案要求在其投放市场前进行严格的合规性评估和监管。此外，人工智能开发者还需遵循透明度和问责机制，确保人工智能的使用符合欧盟的伦理和法律要求。《人工智能法案》的通过体现了欧盟在推进人工智能技术发展的同时，严格控制其可能带来的风险，以维护公民的基本权利和安全。

3. 中国:《生成式人工智能服务管理暂行办法》

2023 年，中国发布了《生成式人工智能服务管理暂行办法》，这是一项专门针对生成式人工智能技术的管理规定。该办法涵盖了生成式人工智能的开发、使用、合规管理和风险控制等多个方面，明确要求提供生成式人工智能服务的公司确保数据安全、内容真实性和隐私保护。文件规定，人工智能生成的内容不得违反中国的法律法规，不得传播虚假信息或有害内容。同时，生成式人工智能服务提供者需建立内容审核机制和安全评估机制，确保人工智能系统的使用不会侵犯公民的隐私和社会秩序。此外，该文件还要求企业建立应急预案，迅速应对和解决人工智能服务中可能出现的风险或事故。《生成式人工智能服务管理暂行办法》体现了中国在规范和引导人工智能技术发展方面的综合性和前瞻性。

4. 加拿大：《人工智能与数据法案》

加拿大在 2023 年通过了《人工智能与数据法案》，这是一项旨在确保人工智能系统合规性和透明度的法律框架。法案对高影响力人工智能系统（如在医疗、金融和公共服务等领域的应用）提出了严格的风险管理要求，强调对公民隐私和人权的保护。根据 AIDA 的要求，任何希望在加拿大使用人工智能技术的企业和组织都必须进行详细的风险评估，确保其符合伦理和社会标准。法案还要求企业建立透明的报告机制，在人工智能系统出现风险或事故时及时向监管机构报告。通过这一立法，加拿大政府希望在促进人工智能技术创新的同时，保护公民权益和社会利益。

这些政策文件反映了各国在应对人工智能技术带来的挑战时的共同关注点：确保技术发展与伦理规范、法律标准和社会价值观相一致。美国、欧盟、中国和加拿大等国的政策文件提供了全面的指导原则和管理框架，通过明确的合规要求和风险控制措施，推动人工智能技术在促进创新的同时，避免对社会和个人造成负面影响。这些政策的推出显示了国际社会在人工智能时代背景下寻求平衡技术进步和伦理考量的共同努力。

三、人工智能的法律与法规

通过对国际会计师事务所毕马威收集的 108 篇全球人工智能监管文献分析得出，国际人工智能立法较为活跃的国家与地区有欧盟、美国、英国、中国、新加坡以及中国香港等。它们普遍采取促进创新、以人为本、以风险为导向的原则来实施或推进人工智能监管，具有强制约束力的监管规则较少，仅占 17.6%（且一半为美国州级的立法），多数采取了原则、伦理、指南、讨论文件及报告等更为软性的形式。人工智能技术的快速发展给现有的法律体系带来了诸多挑战。传统法律在处理新兴技术带来的复杂问题时，往往显得滞后和不足。为了有效应对人工智能技术所引发的法律问题，世界各国都在探索和制定新的法律法规以保障技术的安全应用和社会的公平正义。本部分将探讨人工智能在数据保护、自动驾驶、医疗应用等领域的法律问题，并分析如何制定和完善相关法律框架。

（一）数据保护与隐私法律

数据是人工智能系统的核心资源，但数据的收集、存储和使用也引发了广泛的隐私和安全问题。如何在保护数据隐私的同时，允许数据在人工智能系统中合法合理地使用，成为法律体系需要解决的关键问题。

1.《通用数据保护条例》（GDPR）与全球影响

欧盟的《通用数据保护条例》（GDPR）被认为是全球最严格的数据保护法律。GDPR 规定了个人数据处理的基本原则，包括合法性、公正性、透明性、目的限制、数据最小化等。它还赋予了个人一系列权利，如数据访问权、删除权、数据可携权等。这些规定对全球企业产生了深远影响，迫使它们在处理欧盟公民数据时遵守更高的隐私标准。欧盟《人工智能与人权、民主和法治框架公约》为全球首个关于负责任地使用人工智能的具有法律约束力的国际条约，具有较强的国际影响力，世界有些国家都在参照它制定自己的人工智能政策和法律。

美国的人工智能监管立法具有州领跑联邦政府的特点，一批州级的法律规范已率先落地，联邦部门的立法在政府执行令的统一引导下逐步推进，但尚未正式推出具有强制执行力的在全国广泛适用的联邦政府制定的法律规范。2022年10月的《人工智能权利法案蓝图》奠定了基本的伦理考虑。2023年1月，美国标准与技术研究院发布自愿性的《人工智能风险管理框架》。2023年10月，美国发布关于安全、可靠和值得信赖的人工智能的行政命令，标志着人工智能立法向监管监督的转变，该命令授权25个以上的机构解决与人工智能相关的危害，包括安全、隐私和歧视。2024年5月，美国标准与技术研究院发布了两份生成式人工智能（GenAI）的指南草稿，并积极酝酿新的框架与指南。

2. 中国的《生成式人工智能服务管理暂行办法》

我国在制定人工智能法方面，正逐步形成一套完备的法律体系，以应对人工智能技术带来的复杂挑战和机遇。2023

年发布的《生成式人工智能服务管理暂行办法》标志着我国在这一领域的积极探索。该办法强调数据安全、隐私保护和内容审查，要求企业在人工智能技术的开发与应用中承担相应责任。未来，人工智能法将进一步涵盖人工智能技术的伦理规范、合规管理、风险防控和行业标准等方面，确保人工智能技术健康有序地发展，以保护公民权益和社会安全。

3.跨境数据流动与法律冲突

随着全球化的发展，数据跨境流动成为常态，但不同国家和地区的数据保护法律存在差异，这给跨境数据流动带来了法律冲突。如何在全球范围内协调数据保护法律，确保数据在国际的合法流动，是各国政府和国际组织面临的重要挑战。例如，GDPR对数据传输到欧盟以外国家的严格要求，给跨国企业带来了合规压力。

（二）自动驾驶与智能交通法律问题

自动驾驶技术的快速发展，推动了交通领域的变革。然而，自动驾驶技术也引发了一系列法律问题，包括责任认定、交通规则适用、伦理决策等。

1.自动驾驶的责任认定

在自动驾驶汽车发生事故时，责任的认定成为一个复杂的问题。传统交通事故的责任通常由驾驶员承担，但在自动驾驶模式下，责任可能涉及汽车制造商、软件开发者、传感器供应商等多个主体。如何合理划分责任，确保受害者的权益得到保障，是法律体系需要解决的难题。一些国家和地区已经开始制定相关法律，明确自动驾驶车辆的责任归属，并要求制造商提供安全保障措施。

2. 交通规则的适用与调整

现行交通规则主要是为人类驾驶员设计的，自动驾驶车辆的出现对这些规则提出了新的挑战。例如，自动驾驶汽车如何遵守交通信号、如何处理突发状况，都是需要法律明确规定的问题。此外，自动驾驶技术的发展可能需要对现行交通法规进行调整或重新制定，以适应新的技术环境和交通模式。

3. 伦理决策与法律约束

自动驾驶车辆在面临紧急情况时，可能需要作出伦理决策，例如在不可避免的撞车事故中选择保护乘客还是行人。这类伦理决策如何被法律所规范，成为自动驾驶法律问题中的一个热点。一些学者和立法者主张，应当在自动驾驶系统中引入明确的法律规则，指导其在道德困境中的决策行为，以避免技术失控带来的伦理风险。

（三）医疗人工智能的法律问题

医疗人工智能在提升诊断准确性、个性化治疗和优化医疗资源方面展现了巨大潜力，但也引发了数据隐私、安全、算法偏见和法律责任等问题。近年来，美国、欧盟和中国陆续出台了多项法律政策来应对这些挑战。

1. 美国

美国的医疗人工智能监管政策主要由食品药品监督管理局（FDA）制定。2021 年，FDA 发布了"人工智能 / 机器学习（AI/ML）软件作为医疗设备（SaMD）的行动计划"，旨在建立一个灵活的监管框架来应对人工智能技术的快速发展。该计划要求开发者提供算法更新和验证的路径，以确保系统的有效性和安全性。同时，FDA 提出了对人工智能算法的透明度和数据安全保障的要求。这种以风险为基础的监管策略有助于平衡技术创新与患者安全之间的关系。美国国会提出了《2022 年算法问责法案》，要求对高风险人工智能应用（如医疗人工智能系统）进行算法影响评估，以识别和减轻可能的偏见和歧视。这一法案反映了美国对算法透明度和公平性的重视，但其具体执行细节仍需进一步明确，特别是在如何判定偏见以及如何确保多样性数据集方面。

2. 欧盟

欧盟《人工智能法案》根据风险等级对人工智能系统进行分类,医疗人工智能系统被归为高风险类别,需遵循严格的透明度、数据治理和责任归属等要求。2023 年,欧盟通过了《数据治理法案》,强化了数据共享和可访问性以支持人工智能在医疗领域的发展。欧盟政策特别关注人工智能系统的透明性和算法公平性,要求开发者在人工智能系统的设计和应用过程中进行风险评估和数据质量保障。然而,尽管法规体系相对完善,实际应用中的跨国数据共享和多样化的法规协调仍然面临挑战,特别是如何在不同国家和文化背景下实现统一监管标准。

3. 中国

我国的个人信息保护法对人工智能在医疗领域的应用提出了严格的合规要求,特别是在患者数据的收集、存储、使用和共享等方面。医疗人工智能系统需要确保患者的个人数据经过适当的去标识化处理并且获得患者的明确同意。违反该法的行为将面临高额罚款和法律责任。中国的数据安全法进一步加强了对重要数据的保护,特别是涉及国家安全、公共安全、经济安全和社会公共利益的数据。对于医疗人工智能公司而言，尤其是那些处理大量患者数据的企业，必须遵守严格的数据分类与分级管理要求，并采取必要的技术手段和管理措施来保障数据安全。医疗人工智能系统还必须遵守我国的网络安全法，该法律涵盖了网络运营者的基本义务、网络信息安全和关键基础设施保护。此外，我国政府还发布了一系列指导文件，特别是涉及医疗行业人工智能应用的《医疗器械网络安全注册技术审查指导原则》，该原则为基于人工智能的医疗软件和设备提供了具体的安全要求和合规路径。

（四）人工智能法律法规的未来展望

随着人工智能技术的不断发展，现有法律法规面临着不断更新和完善的需求。未来，人工智能法律法规的发展将呈现以下几个趋势：

1. 动态监管与自适应法律体系

人工智能技术的快速迭代，要求法律法规具有动态调整和适应新技术的能力。传统的法律制定周期较长，难以跟上技术发展的速度。未来的法律体系可能需要引入动态监管机制，通过定期审查和更新法律条款确保其与技术发展同步。

2. 国际法律合作与标准制定

人工智能的发展具有全球性，各国之间在法律和标准上的合作将变得更加重要。通过国际合作，制定全球统一的人工智能法律框架和技术标准，可以避免法律冲突，促进技术的跨国应用和合作。例如，在数据跨境流动、人工智能伦理等问题上，国际合作将有助于构建更加公平和透明的全球治理体系。

3. 公众参与与透明治理

人工智能法律法规的制定需要广泛的公众参与，以确保法律反映社会的广泛共识。未来，立法者在制定人工智能相关法律时，可能会更多地依赖公众咨询、专家讨论和透明的决策过程，增强法律的民主性和社会接受度。此外，公众参与还可以提高法律执行的透明度，增强法律的公信力。

人工智能法律与法规的制定与实施是一个动态发展的过程。面对快速变化的技术环境，法律体系需要不断调整和完善。在推动人工智能法律法规制定时，应当充分考虑技术的潜力和风险，通过科学立法、严格执法，确保人工智能技术为社会进步和公共利益服务，保障人工智能研发和应用中的个人隐私与数据安全，确保人工智能安全、可靠、可控。

第四章
人工智能与组织转型

一、人工智能推动组织转型

人工智能的迅速发展促使许多组织意识到技术转型的必要性。在推动转型过程中，决策者扮演着从战略制定到实施、文化塑造以及人才培养等关键角色。本部分将探讨人工智能在组织进行管理变革、人才培养、资源分配与项目管理等方面的作用与影响。

（一）管理变革：文化、结构与流程的调整

推动转型首先需要在管理层面进行变革，包括文化、结构和流程的调整，以适应新的技术环境和业务需求。

1. 塑造创新文化

组织可以通过人工智能应用来塑造鼓励创新、包容失败的文化氛围，有效激发员工的创造力和积极性。比如，通过设立创新奖项、鼓励跨部门合作等方式，增强员工对人工智能技术的兴趣和参与感。

2. 调整管理结构

人工智能的引入往往引起管理结构调整，以便更好地支持技术的应用和发展。可以考虑设立专门负责人工智能技术开发和应用的团队，并设立首席数据官（Chief Data Officer, CDO）等关键岗位来推动数据驱动的管理变革。同时，需要调整现有的管理层级和沟通渠道，减少信息流动的阻碍，确保人工智能项目能够高效执行。通过合理的结构调整，组织能够更敏捷地应对新技术带来的变化。

3. 优化业务流程

业务流程的优化是人工智能转型的重要组成部分。需要重新审视组织的核心业务流程，识别出哪些环节可以通过人工智能技术进行改进或自动化。例如，在客户服务流程中引入智能客服系统，可以提升客户体验并降低人工成本。优化业务流程时，建议与各部门紧密合作，确保人工智能技术与实际业务需求的有效结合，实现最大化的效能提升。

（二）人才培养：从招聘到培训的全流程战略

人才是推动人工智能转型的关键资源。制定全面的人才培养战略，从招聘到培训，确保组织拥有足够的技术人才和管理人才，支撑人工智能项目的成功实施。

1. 招聘与引进人才

人工智能技术的复杂性要求在招聘时注重候选人的技术背景和创新能力。制订专门的招聘计划,吸引具备人工智能相关技能的优秀人才至关重要,例如数据科学家、机器学习工程师和人工智能产品经理等关键岗位。此外,关注国际人才市场,积极引进具有全球视野和前沿技术背景的人才,有助于提升组织的技术能力和创新潜力。

2. 内部培训与能力提升

人工智能转型不仅依赖于新人才的加入,还需要对现有员工进行系统化的培训和能力提升。为员工提供人工智能相关的培训机会,如在线课程、工作坊、内部讲座和学习平台等,帮助他们掌握新技术并理解其在具体业务中的应用。通过鼓励员工进行自我学习和实践,并推动组织内部的知识共享和技术交流,打造具有创新精神和学习能力的学习型组织,有助于在转型过程中快速提升整体技能水平。

3. 跨学科人才培养

人工智能转型需要跨学科的综合能力,既要有深厚的技术背景,也要具备业务理解和管理能力。因此,鼓励和支持员工参与跨学科的学习和实践至关重要。可以通过轮岗计划、跨部门项目合作等方式,帮助员工拓展视野,提升跨学科的合作能力，培养能够将技术与业务紧密结合的复合型人才。这些人才不仅能够推动人工智能项目的技术实现，还能够从业务角度洞察项目的价值和应用前景，助力组织的全面转型。

（三）资源分配与项目管理：如何有效管理人工智能项目

人工智能项目通常具有高度的不确定性，需要在资源分配和项目管理方面采取灵活和务实的策略，确保项目的成功推进。

1. 资源分配的优先级

人工智能项目往往需要大量的资源投入，包括资金、技术支持和人才等。在资源分配时，应根据项目的重要性和紧迫性确定优先级。例如，对于那些能够直接提升组织核心竞争力的项目应给予优先支持，确保其资源配置充足。同时，还应关注项目的长期可持续性，避免资源过度集中于短期目标。

2. 敏捷管理与迭代开发

由于人工智能项目的复杂性和不确定性，传统的瀑布式项目管理方法可能无法有效应对。敏捷管理方法鼓励项目团队进行迭代开发和持续改进，以提高项目的适应能力和响应速度。通过敏捷管理，团队可以在较短的周期内交付可用的产品或功能并根据反馈进行快速调整，从而提高项目的灵活性和响应速度。

3. 大模型应用与行政效率提升

在人工智能项目的管理中，应用大模型（如大型语言模型、深度学习模型等）可以显著提高行政效率和决策质量。例如，利用大模型进行数据分析、政策模拟和公众意见分析，可以提供更具洞察力的信息支持，优化决策过程。在项目管理中，引入大模型也可以提高资源配置的精准度，减少人工干预，提高整体运营效率。

4. 风险管理与项目评估

人工智能项目的风险管理是确保其成功的关键。在项目初期，应进行全面的风险评估，识别潜在的技术风险、市场风险、行政过程风险和合规风险并制定相应的应对策略。例如，在项目开发过程中，可以设立关键的里程碑和审核点，定期评估项目进展和风险状况，确保项目在控制范围内进行。还应建立有效的项目评估机制，通过定量和定性分析，评估项目的效果和价值，根据评估结果及时做出调整。

（四）推动组织转型的关键成功要素

推动组织转型是一个复杂而艰巨的任务，需要在多个层面进行协调和推进。以下几个关键成功要素是确保转型顺利进行的基础：

1. 高层支持与战略共识

转型需要得到组织高层的强力支持和全体员工的理解与认同。在推动转型的过程中，应主动参与并推动人工智能转型战略的制定和实施，确保在组织内部形成广泛的战略共识。通过有效的沟通机制和激励措施，可以促进各级管理者和员工积极参与转型过程。同时，高层的支持能够为转型提供必要的资源保障和快速的决策支持，确保转型战略的顺利推进。

2. 持续的创新与学习

人工智能技术的发展日新月异，保持对技术创新的敏锐感知和推动组织持续学习是取得成功的关键。建立持续的创新机制和学习文化，能够使组织在技术变革中保持竞争优势并不断发掘新的业务机会。通过鼓励员工进行自我提升，组织可以不断积累新的知识和技能，确保在人工智能领域的持续进步。

3. 客户导向与市场敏感性

在推动人工智能转型的过程中，始终保持客户导向和市场敏感性至关重要。通过深入了解客户需求和市场动态，能够促使人工智能项目的开发和应用紧密贴合市场需求，最大化其市场价值和竞争力。人工智能转型应以解决客户痛点和提升用户体验为核心目标，从而获得更高的市场认可和用户满意度。

二、智能政务：利用人工智能提高行政效率

我国 2024 年《政府工作报告》强调，"深化大数据、人工智能等研发应用，开展'人工智能 +'行动，打造具有国际竞争力的数字产业集群"。"人工智能 +"行动的提出，标志着人工智能作为赋能金融、交通、能源、医疗、制造和政务等多个领域的数字基础设施，即将迎来在各行业广泛应用的新时代。将人工智能与政务服务相融合，对于提升行政效率具有重要意义。

（一）由"互联网 + 政务服务"迈向"人工智能 + 政务服务"

2015 年《政府工作报告》首次提出"制定'互联网 +'行动计划"，标志着我国正式步入了数字化转型的新阶段。同年 7 月印发的《国务院关于积极推进"互联网 +"行动的指导意见》，进一步明确了这一战略方向。2016 年的《政府工作报告》中，"互联网 + 政务服务"被特别强调，旨在通过部门间的数据共享来简化流程、提高效率，从而让居民和企业能够享受到更加便捷的服务体验。随着《国务院关于加快推进"互联网 + 政务服务"工作的指导意见》等一系列重要文件的出台，"互联网 + 政务服务"逐渐成为推动国家治理体系和治理能力现代化的关键组成部分。通过对"互联网 + 政务服务"发展历程的回顾，可以预见"人工智能 + 政务服务"在未来可能带来的变革潜力。

具体而言，根据 2019 年 4 月 26 日发布的《国务院关于在线政务服务的若干规定》，政务服务涵盖了由各级政府部门及其所属机构提供的行政权力事项与公共服务事项两大类内容。"人工智能 + 政务服务"则是在此基础上，充分利用大数据分析能力、强大的计算资源以及先进的算法技术，并结合互联网、区块链甚至元宇宙等新兴科技手段，对现有服务模式进行全面升级。其最终目标是创造出一个既高效又智能的政务服务平台，使得民众在享受各类服务时感受到前所未有的便利性与个性化关怀。

这种转变不仅反映了技术进步对于提升社会治理效能的重要性，同时也体现了我国政府致力于打造开放透明、响应迅速且以用户为中心的现代公共服务体系的决心。随着相关政策措施的不断完善和技术应用范围的逐步扩大，"人工智能＋政务服务"必将为我国经济社会发展注入新的活力。

（二）"人工智能＋"：提升行政效率的新范式

理念是行动的先导。在"人工智能＋"行动计划正式提出之初，许多地方政府已经开始积极探索人工智能技术与政务服务的融合。例如，合肥市与科大讯飞合作，将"星火"大模型应用于政府办公、政务服务以及智慧司法等多个政务场景。上海市推进"人工智能＋"行动，打造"智慧好办"政务服务实施方案：以"高效办成一件事"为牵引，打造"智慧好办"政务服务 3.0 版，实现"799"服务效能（申报预填比例超 70%，首办成功率超 90%，线上人工帮办解决率超 90%），提供"021"帮办服务（"0"距离不间断，线上和线下"2"条渠道，线上人工帮办"1"分钟内首次响应），推动办理状态实时同步，平均申请时长原则上不超过20 分钟，承诺时限办结率达到 100%，实际办件网办率总体达到 85%，推进更多惠企利民政策和服务"免申即享、直达快享"。中国移动作为行业领军企业，打造了"九天"人工智能平台。通过结合政务领域数据对模型进行精调，并引入政务领域约束模型对输出进行限制，面向政务领域将"九天·海算"政务大模型升级至 3.0 时代，并基于"九天·海算"政务大模型成功打造出"12345"智能热线、政务智能搜索、政务智能助手、公文写作辅助等交互便捷、答复准确的"AI+政务"样板应用，有效提升各级部门政务服务智能化水平。此外，北京、杭州和深圳等城市也纷纷与国内领先的大模型厂商展开合作，推动"人工智能＋政务服务"的实践。

作为一种具备深度学习、多源融合、人机协作和自主控制等新特性的技术，人工智能的发展正促使政府重新思考其施政理念，以适应"智能政府""敏捷政府""服务型政府""责任政府"和"透明政府"等现代治理模式的要求。从"互联网＋政务服务"向"人工智能＋政务服务"的转变，不仅标志着技术层面的进步，更代表着政府在思维观念、体制机制以及管理模式上的深刻变革。

首先，在对人工智能的认知上，应当将其视为推动政务服务发展的基础环境，并充分认识到该技术在优化政府工作流程中的关键作用。树立与"人工智能＋政务服务"相匹配的施政理念，为后续的技术应用奠定思想基础。其次，在实际行动中，政府需主动寻求与人工智能技术的深度融合，构建一个能够充分利用智能化工具的新政务生态系统。最后，面对人工智能带来的变化，政府还需根据新时代下政务服务供给的新逻辑进行自我调整和创新，确保能够在快速变化的技术环境中保持高效运作和服务质量。

（三）"人工智能＋"：提升行政效率的新技术

习近平总书记指出，"人工智能是引领这一轮科技革命和产业变革的战略性技术，具有溢出带动性很强的'头雁'效应。"人工智能的快速发展不仅推动经济社会的深刻变革，同时也为政府决策模式的变革提供了新路径，对于建立健全大数据辅助科学决策机制、全面提升政府决策科学化民主化水平具有重要意义。

如今，以 ChatGPT 为代表的生成式人工智能引发广泛关注。人工智能正在从专用智能迈向通用智能，进入了全新的发展阶段，正逐渐成为组织流程和决策的重要组成部分。追求行政效率的目标是以最少的资源投入实现最佳工作成效，满足广大人民群众的根本利益并达到资源配置的最佳状态，人工智能为政务服务提供了强有力的支持。通过同时处理多项任务并即时反馈执行情况与分析结果，人工智能不仅提升了行政效率，还有效降低了成本。"人工智能＋政务服务"的模式正在为我国政府提升行政效能开辟新的路径，具体体现在以下两个方面：

一方面，人工智能技术本身正处于持续的迭代升级中。自 1956 年达特茅斯会议标志着人工智能作为一门独立学科诞生以来，这一领域经历了从初级阶段到如今具备通用智能潜力的重大转变。特别是像 ChatGPT 这样的生成式人工智能系统，凭借其卓越的自然语言理解和生成能力，在促进跨部门协作时发挥了重要作用，有助于克服因专业知识差异导致的语言沟通障碍。此外，随着后续更先进的模型如 Sora 等的推出，这些技术还能被应用于更广泛的领域，进一步丰富了信息传播的形式。

另一方面，作为一种关键性的数字基础设施，人工智能能够与虚拟现实、区块链等多种前沿技术融合，共同推动政务服务向更高层次迈进。比如某市创新性地整合了上述多种先进技术，推出了政务数字人形象。该虚拟助手不仅能模仿真人进行交流互动，而且具有一定的业务办理功能，极大地简化了公众获取服务的过程，使政务服务变得更加高效便捷。

（四）"人工智能 +"：提升行政效率的新方法

近年来，我国各地正在大力推进数字政府建设，并提出了"移动政务服务""高效办成一件事""一网通办""不见面审批"以及"跨省通办"等创新服务模式。这些创新依托于数字化技术的迅猛发展。随着数字政府建设不断深化，企业和个人对政务服务质量的要求也在不断提升。在实现基本的"能办"之后，"好办"成为新的追求目标。"互联网 + 政务服务"的模式虽已取得显著成效，但在满足日益增长的高质量服务需求方面仍显不足。因此，为适应数字治理时代的新要求，政府需进一步引入人工智能等先进技术，以实现政务服务的数字化、网络化和智能化升级。

对于提供服务的一方来说，"人工智能 + 政务服务"能够极大地提高行政工作的科学性和效率。例如，在此模式下，一些标准化且重复性高的政务文件如工作方案、汇报材料及总结报告等可以借助人工智能快速生成。这不仅释放了大量人力资源，也提升了整体文档处理的速度与质量。此外，人工智能还在知识检索与收集、智能辅助决策以及主动式服务等方面展现出巨大潜力，使得政府部门能够更精准地响应公众需求。

对于接受服务的一方而言，"人工智能＋政务服务"意味着更优质的体验和服务水平。尽管加强政民互动是提升服务质量的关键之一，但在实际操作中往往面临沟通障碍等问题。相比之下，人工智能系统以其不受情绪波动影响、持久稳定的工作状态以及强大的信息处理能力，能够在与民众或企业的交流过程中发挥重要作用。更重要的是，通过运用先进的算法，人工智能还能够自动审查各类申请材料的内容、格式等细节，促进整个办事流程向"零接触、在线办理、无需亲自到场"的方向转变。目前，已有多个地方的政务服务中心开始尝试从传统的人工审核转向更加高效的智能审批体系，甚至支持全天候不间断的服务。基于大数据分析的强大支撑，结合最新的模型训练成果，现代人工智能技术能够持续更新其知识库，从而更好地服务于用户个性化与精确化的需要。

三、人工智能成功助力组织转型案例分析

组织转型是一个复杂的过程，不同组织在转型过程中面临的挑战和机遇各不相同。然而，成功的转型案例可以为其他组织提供宝贵的经验和指导。本部分通过分析国内外一些成功的人工智能助力组织转型案例，探讨这些组织如何克服挑战、制定战略并有效实施，从而实现技术创新和业务增长。

（一）国内成功案例分析

我国的企业和政府机构在人工智能转型中取得了一些显著成果。以下是几个具有代表性的案例。

1. 华为的智能制造转型

华为作为全球领先的科技公司，通过引入人工智能技术，实现了在智能制造和供应链管理上的重大突破。华为在其生产过程中广泛应用人工智能技术，以提升制造效率和产品质量。例如，华为利用人工智能技术对设备进行预测性维护，减少了生产停机时间，通过智能算法优化供应链提高了整个生产流程的效率。华为还通过智能数据分析实现了库存

管理的自动化和精细化，确保产品能够及时交付。华为的成功在于其对人工智能的战略性投入、在全球范围内的技术创新以及快速的市场反应能力。

2. 平安集团的智慧金融与医疗

平安集团是我国综合性金融服务集团之一，其在金融和医疗领域的人工智能转型具有代表性。平安集团通过"金融＋科技"的战略，将人工智能技术深度融入保险、银行、投资等业务中。例如，平安集团的智能保险系统能够通过分析客户数据，提供个性化的保险产品和服务；其智能投顾系统则利用人工智能技术，为客户提供量身定制的投资建议。在医疗领域，平安健康通过人工智能实现了在线问诊、健康管理和智能疾病预测等服务，提升了医疗服务的效率和质量。

3. 中国移动的智慧城市项目

中国移动作为我国头部电信运营商，积极参与智慧城市建设，通过人工智能技术推动城市管理和公共服务的智能化。例如，中国移动与多个地方政府合作，利用人工智能技术构建了智能交通系统、智能安防系统和智能环保系统。这些系统通过数据采集和分析，实现了对城市运行的全方位监控和管理，大大提高了城市治理的效率和公共服务的质量。

中国移动的成功案例展示了如何将人工智能技术与政府管理需求相结合，推动城市的可持续发展。

（二）国际成功案例分析

在全球范围内，许多企业和组织也在人工智能开发和组织转型中取得了显著成效。以下是一些国际成功案例。

1. OpenAI 的通用人工智能研发

OpenAI 作为全球领先的人工智能研究机构之一，致力于开发通用人工智能（AGI）并推动其安全发展。OpenAI 在深度学习、大规模语言模型（如 GPT 系列）等领域都具有突破性创新。通过与全球顶尖研究机构和科技企业的合作，OpenAI 在自然语言处理、图像识别和强化学习等领域取得了显著成果。其 GPT-3 和 GPT-4 模型的推出，不仅在多种应用场景中展示了强大的语言理解和生成能力，还推动了人们对通用人工智能未来的认知和探索。OpenAI 的成功案例表明，前瞻性的研究方向、开放的合作模式和对安全性的重视，是推动人工智能创新和应用的关键要素。

2. 亚马逊的全面智能化运营

亚马逊是全球最大的电商平台之一，通过全面引入人工智能技术，实现了从仓储物流到客户服务的智能化管理。在仓储物流方面，亚马逊使用 Kiva 机器人自动化处理订单，提高了仓库运营效率。此外，亚马逊的 Alexa 语音助手通过自然语言处理技术，为用户提供了便捷的智能家居控制体验。亚马逊还通过智能推荐系统根据用户的浏览和购买行为精准推送产品，极大提升了销售额。

3. 谷歌的人工智能先导战略

谷歌是人工智能领域的全球先导者，其在多个领域的技术创新推动了行业的发展。谷歌的 AlphaGo 项目展示了人工智能在复杂决策问题上的强大能力，震惊了全球。此外，谷歌还将人工智能技术广泛应用于搜索引擎优化、广告投放、无人驾驶等领域。例如，谷歌的 Waymo 项目是世界领先的自动驾驶技术研发项目，通过深度学习和计算机视觉技术，实现了高度自动化的驾驶系统。

（三）成功案例的共性与启示

通过分析以上案例，可以发现组织成功转型往往具备以下几个共性，这些共性为其他组织提供了宝贵的启示。

1. 明确的战略定位

明确的战略定位，即组织在人工智能转型中要解决的核心问题和实现的主要目标。例如，亚马逊和华为将提升客户体验、优化运营效率作为转型的主要目标，围绕这一目标进行技术布局和资源投入。清晰的战略定位帮助组织在转型过程中保持方向感，确保资源和努力都集中在最有价值的领域。

2. 高层领导的支持

在所有成功案例中，组织的高层领导都对人工智能转型给予了高度重视，提供了强有力的支持。这种支持不仅体现在资源投入上，还体现在战略规划和管理变革的推动上。领导层的支持确保转型项目的顺利推进，尤其在面对不确定性和挑战时，高层领导的决策和投入能够提供重要的保障。

3. 技术与业务的深度融合

成功的转型项目往往能够实现技术与业务的深度融合，而不是将技术视为孤立的工具。例如，平安集团通过人工智能技术直接提升了核心业务的竞争力和服务质量。这种融合要求组织在技术实施前深入理解业务需求，并在项目推进过程中不断调整和优化技术应用。

4. 敏捷的组织架构与创新文化

在人工智能转型过程中，敏捷的组织架构和创新文化起到了重要作用。例如，谷歌和中国移动都通过建立灵活的团队结构和鼓励创新的文化氛围，推动了技术的快速迭代和应用落地。创新文化能够激发员工的创造力和积极性，是技术转型成功的动力源泉。

5. 持续的学习与改进

人工智能技术的快速发展要求组织具备持续学习和不断改进的能力。成功的转型案例表明，组织不仅要在技术上持续投入，还要在管理和文化上不断适应和优化，以应对外部环境的变化。亚马逊和华为等企业通过建立持续的技术学习机制，确保组织能够跟上技术发展的步伐，保持竞争力。

通过这些成功案例的分析，我们可以看出，人工智能转型并非一蹴而就，它需要组织在战略、技术、文化、人才等多方面进行协调和努力。在推动人工智能转型时，应当借鉴这些成功经验，根据自身组织的实际情况，制订和实施切实可行的转型计划，从而在人工智能时代获得持续的竞争力和发展潜力。

第五章

未来展望与行动建议

一、人工智能的未来趋势

人工智能技术的飞速发展正在引领全球变革。在未来，人工智能将继续深刻影响经济、社会和个人生活的各个方面。本部分将探讨人工智能未来发展的关键趋势，包括量子计算与人工智能的融合、人工智能与物联网及 6G 的协同发展，以及自主人工智能的崛起。这些趋势不仅展示了人工智能技术的潜力，也为领导者提供了前瞻性的思考框架。

（一）量子计算与人工智能的融合

我国 2024 年《政府工作报告》提出，大力推进现代化产业体系建设，加快发展新质生产力；积极培育新兴产业和未来产业，制定未来产业发展规划，开辟量子技术、生命科学等新赛道，创建一批未来产业先导区。随后，《信息化标准建设行动计划（2024—2027 年）》指出，加快量子信息标准布局，开展量子计算、量子通信、量子测量等关键技术标准研究。《中共中央关于进一步全面深化改革　推进中国式现代化的决定》指出："加强关键共性技术、前沿引领技术、现代工程技术、颠覆性技术创新，加强新领域新赛道制度供给，建立未来产业投入增长机制，完善推动新一代信息技术、人工智能、航空航天、新能源、新材料、高端装备、生物医药、量子科技等战略性产业发展政策和治理体系，引导新兴产业健康有序发展。"《政府工作报告》两度"点名"量子技术，以及后续出台的一系列相关政策表明，我国政府正高度重视并积极推动量子科技的发展，将其视为引领新一轮科技革命和产业变革的关键领域。

量子计算被誉为下一代计算技术的革命性突破，它有望在未来显著提升人工智能的计算能力和效率。量子计算利用量子力学的特性，能够在极短的时间内处理海量数据，这对于当前人工智能系统面临的计算瓶颈具有重要意义。

1. 加速机器学习和优化算法

量子计算在处理复杂问题、优化算法和加速机器学习模型训练方面显示出巨大潜力。例如，量子计算可以更高效地解决大规模的优化问题，如供应链管理和金融投资组合优化，能够显著提高人工智能系统的性能。

2. 解决当前计算挑战

目前，某些机器学习任务（如大规模神经网络的训练）

需要大量的计算资源和时间，量子计算有可能突破这些限制，提供前所未有的计算能力。这将推动人工智能技术在更加复杂的场景中实现应用，如实时大数据分析、复杂模拟和预测等。组织在制定长期技术战略时，应将量子计算技术纳入考虑。

（二）6G 与人工智能及物联网协同发展

6G（第六代移动通信技术）是继 5G 之后的下一代通信技术，预计将在 2030 年前后商用。与 5G 相比，6G 将实现更高的数据传输速度、更广泛的覆盖范围和更低的延迟。6G 时代将更深度地融合人工智能、物联网、生物技术等多个领域，通过智能感知、自学习等功能，实现更加智能、个性化的通信服务。智能网络管理和优化将成为 6G 的一个显著特点。6G 可应对未来更高的数据需求和更多的设备连接，这不仅是速度的提升，更是通信网络的全面进化，能为自动驾驶、远程医疗、智慧城市等新兴应用场景提供基础支持。

我国对 6G 技术的发展给予了高度重视，并出台了一系列相关政策支持其研发与产业化。"十四五"规划纲要提出要前瞻布局 6G 网络技术储备，并加大 6G 技术研发支持力度。《"十四五"数字经济发展规划》指出,"有序推进骨干网扩容,协同推进千兆光纤网络和 5G 网络基础设施建设,推动 5G 商用部署和规模应用,前瞻布局第六代移动通信(6G)网络技术储备,加大 6G 技术研发支持力度,积极参与推动 6G 国际标准化工作"。工业和信息化部等十六部门发布的《关于促进数据安全产业发展的指导意见》提出,加强第五代和第六代移动通信、工业互联网、物联网、车联网等领域的数据安全需求分析,推动专用数据安全技术产品创新研发、融合应用。有关部门牵头组建了 IMT-2030(6G)推进组,成员包括运营商、制造商、高校和研究机构,共同推进 6G 技术的研发与标准化工作。

物联网和 6G 技术的普及,为人工智能技术的广泛应用提供了新的契机。这些技术之间的协同发展,将推动更多创新应用的落地并改变现有的商业模式和社会运行方式。

1. 智能设备与边缘计算

物联网的发展使得海量智能设备接入网络,这些设备产生的大量数据为人工智能系统提供了丰富的素材。然而,集中处理这些数据会带来延迟和带宽瓶颈问题。边缘计算通过在靠近数据源的位置处理数据,能够显著减少延迟,提升实时响应能力。未来,人工智能将更加依赖于边缘计算,特别是在自动驾驶、智能家居、工业自动化等领域，因此，需要考虑如何在组织中部署边缘计算基础设施，以支持人工智能应用的快速响应和高效运行。

2.6G 与实时人工智能应用

6G 技术以其高速、低延迟和广覆盖的特点，为实时人工智能应用创造了条件。例如，智能交通系统可以通过 6G 网络实现车辆之间的实时数据交换，确保交通流量的优化和安全驾驶。6G 还将推动远程医疗、智慧城市等领域的创新发展，人工智能将成为这些应用的核心驱动力。

（三）人工智能与芯片的协同发展

国家互联网信息办公室等七部门发布的《生成式人工智能服务管理暂行办法》指出："鼓励生成式人工智能算法、框架、芯片及配套软件平台等基础技术的自主创新，平等互利开展国际交流与合作，参与生成式人工智能相关国际规则制定"。工业和信息化部办公厅发布《关于开展 2024 年度 5G 轻量化（RedCap）贯通行动的通知》，明确指出要鼓励芯片企业加强技术攻关，完成不少于 3 款芯片研发并推进产业化。组织开展 5G RedCap 芯片的协议一致性和网络兼容性测试，不断提升芯片性能。

芯片技术为人工智能的应用提供了强大的硬件支持。人工智能与专用芯片的结合不仅能够提升计算效率，还将推动各种新兴应用的落地，改变我们的商业模式和社会运行方式。

1. 专用芯片与人工智能算法

专用芯片是为特定的计算任务设计的硬件，其优化的架构使得处理特定类型的数据和算法变得更加高效。传统的通用处理器在处理复杂的人工智能算法时往往面临瓶颈，无法满足大规模数据处理的需求。而专用芯片，如图形处理单元（GPU）、张量处理单元（TPU）和数字信号处理器（DSP），则能够针对深度学习、机器学习等特定算法进行优化，从而大幅提高计算速度。

随着人工智能应用的普及，专用芯片的需求不断增长。以 TPU 为例，谷歌专为深度学习任务开发的 TPU 可以通过并行计算的方式加速矩阵运算，显著缩短模型训练时间。这一技术的应用使得研究人员能够更快地迭代模型，推动了人工智能领域的创新。

此外，人工智能算法的复杂性不断提升，导致对计算资源的需求急剧增加。随着数据量的增长，企业需要能够高效处理和分析海量数据的硬件以支持实时决策和预测。专用芯片的出现正是为了解决这一问题。未来，随着芯片技术的进一步发展，我们可以预见到人工智能系统能够在更短的时间内完成更复杂的计算任务。

2. 芯片与边缘计算的结合

边缘计算是一种新兴的计算模式，其核心思想是在离数据源更近的地方进行数据处理。这一模式能够有效减少数据传输带来的延迟，尤其在需要实时响应的应用场景中显得尤为重要。结合专用芯片的边缘计算，将使得人工智能算法能够更高效地在边缘设备上运行。

例如，在自动驾驶领域，车辆内置的专用芯片可以实时处理来自传感器的数据，快速作出反应。通过边缘计算，自动驾驶系统能够在毫秒级别内分析环境信息，确保车辆在复杂路况下的安全行驶。这一技术的实现依赖于高效的专用芯片，以及在车辆周围建立的低延迟通信网络。

在智能家居方面，边缘计算与专用芯片的结合也正在改变家庭自动化的方式。智能家居设备如智能音箱、摄像头和家电等都可以嵌入高效的芯片，实现本地数据处理。这使得设备能够快速响应用户指令，提升用户体验。同时，通过在本地处理数据，用户的隐私也得到了更好的保护，因为数据无需传输到云端进行处理。

3. 人工智能驱动的智能硬件

随着人工智能与芯片的深度融合，智能硬件的应用场景将不断扩展。智能手机、可穿戴设备和家电等都将集成更强大的人工智能能力，为用户提供更加智能的体验。

智能手机是最早实现人工智能集成的消费电子产品之一。如今，许多智能手机都配备了专用的人工智能处理器，用于图像识别、语音识别和自然语言处理等功能。例如，苹果的 A 系列芯片中集成了神经引擎，可以加速机器学习任务，使得用户在拍照时能够享受到更好的图像处理效果。

可穿戴设备如智能手表和健康监测设备同样受益于人工智能与芯片的结合。通过嵌入高效的芯片，这些设备能够实时监测用户的健康数据，并利用人工智能算法进行分析和预测。例如，智能手表可以分析用户的心率数据，提供健康建议，甚至预警潜在的健康风险。这些功能的实现离不开高效的专用芯片与先进的人工智能算法的结合。

在家居智能化方面，人工智能与芯片的融合使得家庭自动化设备变得更加智能。例如，智能音箱能够通过内置的人工智能处理器识别用户的声音命令，实现家居设备的控制。这一技术使得用户能够更加方便地管理家中的设备，提高生活的便利性和舒适度。

人工智能与芯片的结合为我们打开了新的科技大门。这一协同发展将推动更高效的计算能力，促进创新应用的落地。未来，随着技术的不断进步，我们可以期待在各个领域看到更多基于人工智能与芯片结合的智能产品与解决方案。

（四）自主人工智能与人工意识的崛起

自主人工智能是指具备自主学习、自主决策能力的人工智能系统，这些系统能够在复杂环境中进行自我调整和优化。随着技术的迅速进步，自主人工智能正在从实验室走向现实应用，逐渐发展成更高层次的"人工意识"。这种人工意识不再仅仅依赖于预设的规则和算法，而是具备一定的自我认知和环境感知能力，能够在动态和不确定的环境中作出自主的决策和行动。这种能力的增强不仅将深刻影响各个行业的发展，还将为人类社会带来新的挑战和机遇。

1. 自主学习、自我优化与"人工意识"的进化

自主人工智能系统能够在运行过程中持续学习和优化，从而不断提升自身的性能和适应性，体现出一种类似于生物学习的进化过程。例如，自主驾驶车辆不仅能够在行驶过程中学习并改进驾驶策略，还能够在不同的道路和交通环境中通过感知和分析周围环境来进行实时决策。随着人工智能系

统逐渐获得"人工意识",这些系统将不再仅仅是遵循规则的工具,而是具备感知、推理和自我优化能力的智能主体。这种人工意识的崛起在提高系统效率和灵活性方面具有巨大潜力,应用这些技术可以快速提升业务的自动化和智能化水平。

2. 人工意识的伦理与社会影响

随着人工意识的逐步形成和自主人工智能的普及,其在伦理和社会影响方面的挑战不容忽视。例如,具备人工意识的自主人工智能系统可能在无人干预的情况下作出产生深远影响的决策,而这些决策的透明性、可解释性以及伦理性将成为关键问题。如何确保这些系统的决策符合社会道德和法律规范是一个亟待解决的课题。此外,人工意识的崛起可能加剧现有的社会不平等,甚至带来新的就业风险和社会问题。因此,在推动人工意识和自主人工智能应用时,必须充分考虑这些伦理问题并制定相应的政策和措施,确保这些技术的应用既具有创新性和前瞻性,又能够保障其公平性和可控性。

(五)人工智能与机器人

人工智能与机器人技术的结合正引领着新一轮的技术

革命，为各个行业带来了巨大的变革潜力。机器人是能够自主执行任务的机械装置，而人工智能则是指模拟人类智能的能力。随着人工智能技术的不断发展，机器人具备了越来越多的自主决策能力，能够在复杂环境中独立完成任务，两者相辅相成共同推动着科技的发展，对现代社会产生了深远的影响。

1. 智能感知与认知能力的突破

在人工智能与机器人技术的融合中，最令人瞩目的进展之一便是机器人感知与认知能力的显著提升。通过深度学习先进算法，现代机器人已能够识别和理解复杂的视觉信息，如人脸、物体甚至细微的表情变化。这意味着，在未来的医疗服务领域，人工智能驱动的机器人将能够更准确地诊断疾病、辅助手术，甚至提供心理支持。例如，通过分析患者的面部表情和语气，机器人可以判断患者的情绪状态，从而采取更加人性化的交流方式，提高治疗效果。此外，在工业制造环节，具备高度感知能力的机器人能够实时监测生产线上的异常情况，迅速作出反应，确保生产过程的安全与高效。

2. 自主决策与协作能力的增强

人工智能赋予了机器人更强的自主决策能力，使其能够在没有人类直接干预的情况下完成任务。借助强化学习，机器人可以不断积累经验，逐步提升解决问题的能力。比如，在物流仓储场景中，智能机器人能够根据订单需求自主规划最优路径，高效完成拣选、打包等工作。随着群体智能理论的发展，多个机器人之间可以实现高效的协同作业，共同完成更为复杂的任务。这种协作不限于同一类型机器人之间的配合，还包括不同功能机器人之间的无缝衔接，形成一个高度灵活、响应迅速的自动化系统。

3. 人形机器人的崛起

人形机器人是人工智能与机器人技术融合的一个重要方向，它们模仿人类的外观和动作，具备高度的灵活性和适应性。近年来，随着传感器技术、材料科学和人工智能算法的不断进步，人形机器人的性能得到了显著提升，应用场景也在不断扩大。

家庭助手：人形机器人可以作为家庭助手，帮助老年人和残障人士完成日常家务，如打扫卫生、烹饪饭菜、照顾宠物等。它们还可以陪伴孩子学习和玩耍，提供个性化的教育辅导。例如，Pepper 机器人已经在一些家庭和养老院中投入使用，其友好互动的设计深受用户喜爱。

医疗护理：在医疗领域，人形机器人可以协助医护人员进行病人护理，如翻身、喂食、监测生命体征等。此外，它们还可以在手术室内担任辅助角色，提供精准的操作支持。美国的达芬奇手术机器人就是一个成功案例，它通过高精度的机械臂和先进的图像处理技术，大大提高了手术的安全性和成功率。

教育与娱乐：人形机器人在教育和娱乐领域的应用也越来越广泛。它们可以作为教学助手，与学生进行互动，提供个性化的学习体验。同时，人形机器人还可以在主题公园、博物馆等场所担任导游，为游客带来全新的参观体验。例如，Aira 机器人已经在一些学校和博物馆中投入使用，其丰富的表情和流畅的动作赢得了广泛好评。

灾难救援：在灾难救援场景中，人形机器人可以进入危险区域，执行搜救任务。它们可以在废墟中穿行，寻找被困人员并提供必要的援助。Atlas 机器人就是专为灾难救援设计的，其强大的运动能力和环境适应性使其能够在极端条件下完成任务。

（六）人工智能在新兴领域的拓展

人工智能以强大的数据处理能力、学习算法和预测能力为各行业的发展提供了新的动能，在多个新兴领域中具有广阔的应用前景和发展潜力。以下是人工智能在几个新兴领域中的具体应用前景与发展方向。

1. 医疗健康

人工智能在医疗健康领域的应用前景极其广阔，甚至可能彻底改变疾病的预防、诊断、治疗和个性化健康管理的方式。随着医疗数据的激增和医学知识的迅速更新，人工智能可以通过深度学习和自然语言处理等技术分析大量基因组数据、电子健康记录、医学影像等，提供更为精准的医疗服务。例如，利用人工智能算法可以实现早期发现癌症、心血管疾病等重大疾病，进一步减少误诊和漏诊的可能性。未来，人工智能还将推动医疗设备的智能化升级，支持手术机器人的发展，甚至助力开发基于人工智能的虚拟医生助手，提高医疗资源的使用效率。

2. 教育与学习

人工智能正在深刻重塑教育领域，尤其是在个性化学习和智能教育系统方面的应用不断拓展。通过大数据分析与机器学习技术，智能教育系统能够根据学生的学习行为、认知水平和学习进度，动态调整教学内容和方式，提供针对性更强的个性化教育服务。例如，人工智能驱动的学习平台可以自主生成练习题、推荐学习资源，甚至预测学生在特定领域的学习瓶颈，帮助教师更好地因材施教。此外，虚拟现实

（VR）与增强现实（AR）结合的人工智能技术应用也在不断拓展，未来将带来更为沉浸式的学习体验，促进深度学习和知识掌握。

3. 环境保护与可持续发展

在全球环境保护和可持续发展领域，人工智能展现出巨大的潜力和价值。例如，通过分析全球气候数据和环境监测数据，人工智能技术可以预测气候变化趋势、识别污染源，并帮助政策制定者制定更具针对性的环境保护政策和措施。此外，人工智能还在优化能源使用、提高农业生产力和资源管理效率方面表现出色。比如，智能电网系统可以动态调整能源分配，减少浪费，推动绿色能源的应用和发展。智能农业系统则可以通过人工智能算法分析土壤和气候数据，优化种植方案，提高作物产量和质量，从而有效促进农业可持续发展。将人工智能技术应用于环境保护、资源管理和绿色发展中，可以支持组织的可持续发展目标和社会责任。

4. 交通与智能城市

在交通和智能城市建设领域，人工智能也逐渐成为不可或缺的技术驱动力。通过大数据分析、计算机视觉和深度学习，人工智能可以实现实时交通监控、智能信号控制、自动驾驶和无人机物流等创新应用，有效缓解城市交通拥堵问题，提升物流效率和城市管理水平。例如，智能交通管理系统可以根据实时交通状况，自动调整信号灯周期，优化交通流量，减少交通事故。无人驾驶技术的发展也将进一步推动未来智慧城市的建设，人工智能驱动的无人驾驶车辆和无人机物流将极大提升运输效率，减少碳排放。在智慧城市规划和交通管理中应用人工智能技术，可以提高城市的运行效率和可持续发展能力。

（七）元宇宙与人工智能的融合

《元宇宙产业创新发展三年行动计划（2023—2025 年）》指出："元宇宙是数字与物理世界融通作用的沉浸式互联空间，是新一代信息技术集成创新和应用的未来产业，是数字经济与实体经济融合的高级形态，有望通过虚实互促引领下一代互联网发展，加速制造业高端化、智能化、绿色化升级，支撑建设现代化产业体系。"该计划强调要强化人工智能、区块链、云计算、虚拟现实等新一代信息技术在元宇宙中的集成突破，推动智能生成算法、分布式身份认证、数据资产流通等元宇宙关键技术在国家重大科技项目中的布局。随后，各省（区、市）相继出台一系列元宇宙政策文件，这些指导意见和行动计划聚焦元宇宙的基础设施、技术创新、标准研制、应用培育、产业发展和生态构建等多方面。元宇宙是一个正在迅速崛起的数字概念，它融合了虚拟现实、增强现实、区块链等前沿技术，打造了一个由数字环境和虚拟体验构成的平行世界。随着元宇宙的发展，人工智能将在其中扮演重要角色，为用户提供更加沉浸式、个性化和智能化的体验。

1. 虚拟世界的智能化交互

在元宇宙中，用户可以通过虚拟化身与数字世界互动，而人工智能技术将增强这些互动的智能性。例如，人工智能驱动的自然语言处理和情感识别技术可以让虚拟化身具备与真人类似的互动能力，增强用户体验的真实感和沉浸感。人工智能还可以用于创建复杂的虚拟经济系统，自动调整供需、价格和交易规则，提升虚拟经济的稳定性和公平性。

2. 个性化的内容生成与推荐

元宇宙的一个核心挑战是如何在虚拟世界中持续提供吸引用户的内容和服务。人工智能通过深度学习和生成对抗网络等技术，可以实时生成个性化的内容，如虚拟场景、角色和任务，以提升用户的留存率和参与度。与此同时，人工智能还可以通过分析用户的行为和偏好，提供定制化的推荐服务，优化用户在元宇宙中的体验。在内容创作、用户体验设计和个性化服务方面融入元宇宙和人工智能技术，可以高质量提升品牌竞争力和市场影响力。

（八）人工智能的测评、"黑盒"问题及其合法合规性

随着人工智能技术在新兴领域的不断拓展，如何对其进行有效的测评和监管成为关键问题。人工智能系统的"黑盒"特性和决策过程的主观性，常常引发透明性和合法合规性方面的担忧。因此，在推动人工智能技术应用的同时，必须建立全面的测评体系，确保技术的透明性、可解释性和合法合规性。

1. 人工智能的测评框架

人工智能技术的测评涉及多个维度，包括性能、准确性、安全性、伦理合规性等。在使用人工智能系统时，需要通过系统的测评来了解其优劣，并根据实际需求选择合适的技术。

性能测评：包括模型的准确性、精度、召回率、F1分数等指标，用于评估模型在特定任务上的表现。

安全性测评：根据人工智能系统在应对对抗性攻击（如

对抗样本攻击）时的表现，评估其鲁棒性和防护能力。

伦理合规测评：评估人工智能系统是否符合伦理标准和法律法规，是否存在算法偏见、隐私侵权等问题。

2. "黑盒"问题与人工智能的可解释性

人工智能系统，特别是基于深度学习的模型，常常被称为"黑盒"，因为它们的内部决策过程复杂且难以解释。对于领导者和决策者来说，理解这些"黑盒"系统的决策逻辑尤为重要，以确保在应用过程中作出合理的判断。

可解释性技术：为解决"黑盒"问题，研究人员正在开发各种可解释性技术，如模型可视化、注意力机制、特征重要性分析等，使用户能够理解系统的决策依据。

决策透明性：在引入人工智能系统时，应确保其具备足够的透明性，尤其在影响人类生命、安全和隐私的关键应用中，必须能够提供决策的明确解释。

3. 主观性与合法合规性

人工智能系统在不同的数据和算法设计下，可能会表现出一定的主观性，这会影响其在决策过程中的公平性和合法合规性。为此，必须建立严格的法律和伦理规范，指导人工智能技术的开发和应用。

算法公平性：需确保人工智能算法在训练和使用过

程中能够消除或减少偏见，保证系统的公平性。可以通过算法设计的改进、数据的多样性以及公平性约束的引入来实现。

合规性要求：人工智能的合法应用必须符合各国和地区的法律法规，如欧盟的通用数据保护条例（GDPR）、中国的个人信息保护法和数据安全法等。特别是要确保人工智能系统在数据使用、隐私保护、算法透明性等方面符合相关合规性要求。

二、如何为未来做好准备

在人工智能迅速发展的背景下，组织需要提前做好准备，才能在未来的竞争中立于不败之地。这不仅包括技术层面的准备，还涉及组织结构、文化、人才和外部合作等方面。本部分将探讨一些关键措施，帮助组织为未来的人工智能变革做好准备。

（一）建立学习型组织

随着技术的快速迭代和变革，组织需要不断学习和适应新的环境。建立学习型组织，鼓励员工持续学习和提升技能，是为未来做好准备的基础。

1. 推动知识共享与持续学习

组织应当建立系统化的知识管理机制，确保技术和经验能够在团队内部高效传递。例如，可以通过设立内部学习平台、定期举办研讨会和技术分享会，鼓励员工交流经验和学习新技能。此外，还应鼓励员工自主学习，提供必要的学习资源和支持，如在线课程、技术培训和行业研讨会。

2. 构建灵活的学习机制

在快速变化的技术环境中，组织需要灵活的学习机制以应对不断涌现的新知识和新技能。通过引入灵活的学习方法，组织可以及时调整学习内容和方式，确保员工的知识结构与行业发展保持同步。例如，按需学习（Just-in-time learning）和基于项目的学习（Project-based learning）是有效的学习方式，可以帮助员工在实际工作中快速掌握新技能。

3. 领导者的学习榜样作用

领导者需以身作则，积极参与学习和知识更新，起到树立学习榜样的作用。这不仅能够增强领导者在组织内部的影响力，还能激励员工持续学习，营造积极向上的学习氛围。通过示范作用，领导者可以推动全员学习，打造一个不断进步的学习型组织。

（二）鼓励创新与跨部门协作

创新是推动人工智能发展的核心动力，组织需要建立激励机制和协作平台，鼓励员工在工作中大胆创新，并推动跨部门的协同合作。

1. 设立创新激励机制

为了鼓励创新，组织应当设立多样化的激励机制，如创新奖励、内部创业项目和成果展示等。通过这些机制，组织可以激发员工的创造力，推动技术和业务模式的创新。例如，设立内部创新基金，鼓励员工提出和实施创新项目，或通过"创新日"活动，让员工展示他们的创意和成果，形成良性竞争和创新文化。

2. 推动跨部门合作与资源整合

人工智能技术往往需要多学科、多领域的知识交叉融合，因此，推动跨部门合作是实现创新的重要途径。组织应当打破部门之间的壁垒，建立跨部门的协作平台，促进技术、业务和市场等多个领域的融合。例如，可以通过组建跨部门团队或项目组，推动不同部门之间的资源共享和协作创新，确保人工智能项目的高效推进。

3. 探索开放式创新与外部合作

开放式创新是一种通过与外部组织（如大学、研究机构、初创企业等）合作，共同开发新技术和新产品的创新模式。组织应积极探索开放式创新的可能性，与外部合作伙伴建立深度合作关系，共享资源和知识，提升技术创新能力。例如，与高校合作建立联合实验室，或与初创企业合作开展技术研发，借助外部资源推动组织的技术创新。

（三）与学术界、产业界的合作

与学术界和产业界的合作是推动技术创新和应用的重要途径。通过合作，组织可以获取最新的技术知识、研究成果和市场洞察，增强自身的竞争力。

1. 深化与学术界的合作

学术界是技术创新的源泉，组织应当积极与大学和研究机构合作，获取前沿技术和研究成果。通过合作研究、技术转移和人才交流，组织可以加速技术转化和应用。例如，可以与高校合作设立企业研究中心或联合实验室，开展人工智能技术的应用研究；或通过赞助学术研究，支持基础科学的发展，确保组织在未来技术中的领先地位。

2. 加强与产业界的协同创新

与其他企业和行业联盟的合作，可以帮助组织获取市场洞察和行业动态，提升产业链的整体竞争力。通过协同创新，组织可以在市场上获得更大的影响力和话语权。例如，可以通过参与行业标准的制定、与供应链合作伙伴共享数据和技术，共同推动行业的数字化转型。此外，组织还可以通过战略联盟或产业联盟与同行企业合作，共同开发和推广新技术，形成合力应对市场挑战。

3. 参与全球创新网络

在全球化背景下，技术创新已经不再局限于某个国家或地区。组织应当积极参与全球创新网络，与全球的创新中心、技术社区和行业领袖建立合作关系，分享技术成果和创新经验。例如，通过参加国际科技论坛、加入全球技术联盟，或与跨国企业合作，组织可以获取全球最前沿的技术和市场信息，保持国际竞争力。

（四）制定前瞻性的技术战略

为未来做好准备的关键在于制定前瞻性的技术战略，确保组织能够在人工智能快速发展的背景下抓住机遇，实现可持续发展。

1. 制定长期技术发展规划

组织应当制定长期的技术发展规划，明确未来技术方向和战略目标。在制定规划时，需要综合考虑行业趋势、技术前景和组织自身的能力，确保技术战略具有前瞻性和可执行性。例如，在规划中设定阶段性目标，如在五年内实现某项技术的突破，或在十年内将某项新技术转化为核心竞争力。

2. 持续监测技术趋势与市场变化

技术环境和市场需求的变化是动态的，组织应当建立技术监测机制，持续关注人工智能领域的新技术、新模式和新应用。例如，通过建立技术情报系统，定期发布技术趋势报告，或通过行业研究和市场调研，了解市场的变化趋势和客户需求。通过持续监测，组织可以及时调整技术战略，保持对市场的敏感度和反应能力。

3. 灵活应对技术不确定性

人工智能技术的发展充满不确定性，在制定技术战略时应当考虑到这些不确定性，并预留足够的灵活性。组织可以采用技术预研、试点项目等方式，探索新技术的潜力和适用性，降低技术风险。例如，通过设立技术孵化器或创新实验室，组织可以在小范围内测试和验证新技术，避免在大规模推广时遇到不可预见的问题。

通过这些措施，组织可以为未来的技术变革做好充分准备，确保在人工智能快速发展的背景下保持竞争力。在推动这些准备工作时，应当注重全局视野和长远规划，结合组织的实际情况，制订切实可行的战略和行动计划。

三、行动建议

随着人工智能技术的广泛应用，领导者需要掌握如何在组织中有效引入和管理人工智能技术。本部分将提供具体的行动指南，帮助领导者制定人工智能发展规划，选择合适的学习路径并有效评估和监督人工智能项目的实施，确保组织在人工智能转型过程中取得成功。

（一）领导者的人工智能学习路径

领导者作为组织的核心决策者，需要具备对人工智能技术的深刻理解，以便在战略制定和执行过程中做出明智的决策。领导者可以选择的学习路径主要有以下几个方面。

1. 基础学习：掌握基本概念和技术原理

领导者首先应当掌握人工智能的基本概念和技术原理，包括机器学习、深度学习、自然语言处理和计算机视觉等关键技术。这可以通过阅读相关书籍、参加基础课程或在线学习平台来实现。了解这些基础知识，有助于领导者在与技术专家沟通时更加准确地理解技术术语和应用场景。

2. 案例分析：学习成功经验与失败教训

通过研究成功和失败的人工智能应用案例，领导者可以深入理解技术在实际应用中的挑战和机遇。案例分析不仅能够帮助领导者认识到技术的潜力和局限性，还能为其提供解决实际问题的思路。领导者可以通过参加行业研讨会、与专家交流或组织内部案例讨论会，提升对人工智能应用的洞察力。

3. 持续进修：跟踪最新技术和趋势

人工智能技术的发展日新月异，领导者需要持续进修，以跟上技术发展的步伐。通过定期参加高端技术论坛、行业会议和高级培训课程，可以获得最新的技术信息和行业趋势。持续进修还可以帮助领导者保持对市场动态和竞争格局的敏感性，从而作出更具前瞻性的决策。

（二）制定人工智能发展规划

制定科学合理的人工智能发展规划，是确保组织在人工智能转型过程中取得成功的关键。以下是制定人工智能发展规划的几个关键步骤：

1. 明确战略目标与关键成果

制定人工智能发展规划的第一步是明确组织的战略目标。领导者需要清晰定义人工智能技术在组织中的应用目标，例如提高运营效率、优化客户体验、推动产品创新等。明确的目标将指导组织在资源配置、技术选择和项目优先级上作出合理决策。同时，领导者还需要设定关键成果指标（KPIs），以衡量人工智能项目的进展和成效。

2. 评估现有资源与技术能力

在制定规划时，领导者需要评估组织现有的资源和技术能力，包括数据资源、技术基础设施、人才储备和业务需求等。通过全面评估，领导者可以识别出组织在人工智能转型中的优势和不足，并制定相应的策略来弥补短板。例如，组织可能需要加强数据治理、引进技术专家或投资建设计算基础设施，以支持人工智能项目的顺利实施。

3. 制订分阶段实施计划

人工智能转型通常需要分阶段实施，以降低风险并确保项目的可控性。领导者需制订一个分阶段的实施计划，明确每个阶段的目标、任务、资源需求和时间表。例如，初始阶段可以集中在技术试点和能力建设，中期阶段则可以推进关键业务的智能化改造，最后阶段实现全面的数字化转型。分阶段实施计划有助于组织在人工智能转型过程中保持灵活性和应对能力。

（三）如何评估与监督人工智能项目的实施

有效的评估和监督是确保人工智能项目成功的关键。领导者需要推动建立健全项目评估机制，以及时发现问题并作出调整。

1. 建立项目评估指标体系

评估人工智能项目的效果需要建立一套全面的指标体系。该体系应包括技术性能指标（如模型精度、处理速度）、业务效果指标（如成本节约、收入增长）、用户体验指标（如用户满意度、响应时间）等。通过量化这些指标，领导者可以客观地评估项目的进展，并对比预期目标进行差距分析。

2. 定期审查与反馈机制

人工智能项目的复杂性和不确定性要求领导者定期对项目进行审查。定期审查不仅可以帮助识别潜在的风险和挑战，还可以提供及时的反馈，促使项目团队进行调整和改进。领导者可以通过设立阶段性审查会议，邀请项目团队汇报项目进展并组织跨部门讨论,以确保项目在预定的轨道上运行。

3. 风险管理与应急预案

在人工智能项目的实施过程中,风险管理至关重要。领导者需在项目启动前进行全面的风险评估并制定详细的应急预案。例如,可以针对可能出现的数据质量问题、技术故障、法律合规风险等,制定相应的解决方案和应对措施。此外,领导者还应建立风险监控机制,定期更新风险评估并在必要时启动应急预案,确保项目顺利进行。

4. 持续优化与改进

人工智能项目的成功不仅取决于初始的规划和实施,还需要持续的优化与改进。领导者需鼓励项目团队在项目实施过程中不断反思和改进,通过迭代开发、用户反馈和性能分析,持续优化项目的效果。通过建立持续改进机制,组织可以在不断变化的环境中保持竞争力并实现长期的业务增长。

(四)推动组织文化的转型

在引入人工智能技术的过程中,组织文化的转型是成功的关键因素之一。领导者需要推动组织文化向数字化、智能化方向发展,确保全体员工能够积极参与转型过程。

1. 培养创新文化与开放心态

领导者需在组织内部培养一种鼓励创新、包容失败的文化氛围。通过设立创新奖项、鼓励跨部门合作、支持员工自主学习，组织可以激发员工的创造力和积极性。此外，开放的心态对于接受新技术和新理念至关重要。领导者需通过公开讨论、分享成功案例等方式，增强员工对人工智能的信任和接受度。

2. 加强沟通与参与感

有效的沟通是推动组织文化转型的关键。领导者需通过多种渠道（如全员大会、内部通讯、培训课程等）向员工传达人工智能转型的战略意义和具体措施，增强员工的参与感和归属感。同时，领导者还应积极听取员工的意见和建议，及时调整转型策略，确保转型过程符合员工的期望和需求。

3. 构建合作共赢的团队氛围

在人工智能转型过程中，团队合作尤为重要。领导者需鼓励团队成员之间协作，打破部门之间的壁垒，形成合作共赢的氛围。例如，通过建立跨部门的工作组、组织团队建设活动，促进员工之间的交流与合作，增强团队凝聚力。合作共赢的团队氛围不仅有助于推动人工智能项目的实施，还可以提升组织的整体绩效。

后 记

随着人工智能技术的不断发展，它在全球范围内的应用已经渗透到各行各业，成为推动社会进步的主要力量。从医疗健康到教育改革，从金融服务到智能制造，从行政管理创新到现代战争，人工智能不仅在传统行业中发挥着重要作用，也在新兴领域中创造了前所未有的机遇和挑战。同时，人工智能的技术突破也带来了伦理、法律与社会责任方面的一系列挑战。在这一背景下，如何应对这些挑战，合理制定政策与法规，已成为全球共同关注的问题。

《人工智能通识》一书的编写，旨在为读者提供一份相对全面系统的人工智能知识指南。通过本书，读者可以了解人工智能的定义、技术演变、应用场景及面临的伦理与法律挑战。事实上，在人工智能技术日新月异的今天，了解人工智能的基本原理与应用，对于每一位希望跟上时代步伐的人来说，都是至关重要的。

作为本书的编者，我们深知人工智能的复杂性和广泛性，无法在一本书中详尽地覆盖所有领域与问题。但我们希望，通过本书的介绍，读者能够"短、平、快"对人工智能形成全面的认知，了解其可能带来的影响，并为未来的技术发展和社会变革做好准备。海南大学郭振东、弓世明、梅映天、唐福亮、王玉星、吴坤光、黄帅帅、褚泽世、华若宇、朱厚宏等人员参与了本书的编写，中国电子信息产业集团高级工程师王雪松对本书进行了审读并提出了修改意见，党建读物出版社对本书的出版提供了大力支持，在此一并表示衷心感谢。

我们衷心希望本书能够为读者提供有价值的参考。由于水平有限，书中不妥之处，敬请读者批评指正。

编　者

2024 年 12 月

图书在版编目（CIP）数据

人工智能通识 / 段玉聪，朱绵茂编著 . -- 北京：
党建读物出版社，2025. 1. --（领导干部科技通识丛书
）. -- ISBN 978-7-5099-1599-8

Ⅰ. TP18

中国国家版本馆 CIP 数据核字第 2024Q7H449 号

人工智能通识
RENGONG ZHINENG TONGSHI
段玉聪　朱绵茂　编著

责任编辑：郝英明
责任校对：张学民
装帧设计：嘉信一丁
出版发行：党建读物出版社
地　　址：北京市西城区西长安街 80 号东楼（邮编：100815）
网　　址：http://www.djcb71.com
电　　话：010 - 58589989 / 9947
经　　销：新华书店
印　　刷：北京中科印刷有限公司
2025 年 1 月第 1 版　2025 年 1 月第 1 次印刷
880 毫米 ×1230 毫米　32 开本　5.625 印张　87 千字
ISBN 978-7-5099-1599-8　定价：18.00 元